효재의 살림풍류

서울과 시골을 오가는 유쾌한 이중생활

효재의 살림풍류

서울과 시골을 오가는 유쾌한 이중생활

목차

프롤로그

어느 날 걸려 온 전화 한 통으로 제천살이가 시작되었다. 정확하게 기억한다. 2014년 10월 18일. 어느 날 김수미 선생님이 전화를 하셨다. "효재야, 우리 밥 먹으러 가자." 해서 잡은 날이 10월 18일이다. 야쿠자 같은 우리 사이는 "밥 먹으러 가자." 한 마디면 무슨 날인지, 어딜 가는지, 무얼 먹으러 가는지 묻지 않는다. 일단 "예" 하고 따라나선다. 선생님도 마찬가지다. 오래 숙성된 사이니 묻지 않아도 서로를 신뢰하는 것이다. 그날도 그랬다. 운전 못하는 나는 차를 탈 때마다 가지고 다니는 베개를 목 뒤에 끼고 잠이 들었다. 도착해서 눈을 떠보니 차가 세워진 주변은 온통 쌀가루 뿌려놓은 듯 구절초가 하얗게 피어 있었다. 그 구절초를 보는 순간 '이런 곳에 산다면 좋겠구나.' 했다. 아직도 나의 뇌는 차 시간이 얼마 걸리고 버스편은 있는 건지 등의 앞뒤 셈을 하지 못한다. 마음이 먼저다. 소나무 아래 하얗게 핀 구절초를 보고 '이곳에서 산다면…' 이라고 생각했고, 선생님은 "그렇다면 다른 생각 하지 말고 여기서 살아보렴." 응원하셨다. 해서 눌러앉게 된 곳이 충북 제천 백운면이다. 소나무 아래 구절초가 어쩌나 좋았던지. 바람기 많은 남자가 한양에 과거 시험 보러 갔다가 마음 맞는 주막집에 그냥 눌러앉아 살았다더니, 이 모양이었겠구나 싶었다. 나는 전생에 박달재를 건너다 눌러앉은 선비일 수도 있었겠다.

제천에 새 터를 잡고 살면서 일복 많은 나는 곧 헐어버릴 집을 보고 "아니, 저 집을 헐면 시끄럽고 돈도 들 텐데 목 축이는 우물가처럼 찻집 만들면 어떻겠어요?" 하고 말했다가 덜컥 자수방을 꾸미게 되었고, 난방은커녕 비까지 새는 둥근 양은집을 근사한 화덕이 있는 요리 스튜디오로 만들게 되었다. 그리고 그 사이 제천 집과 서울 성북동 집을 오가며 어미 새가 모이 나르듯 이삿짐을 날랐다. 그 겨울. 북풍한설이 몰아쳐서 어쩌나 추웠던지. 벽과 문은 있어도 난전에 나와 있는 거와 매한가지인 그 공간에서 나는 창조의 신이 내려 밤마다 아이디어가 떠오를 때까지 자리를 지켰다. 화투 담요를 머리까지 뒤집어쓰고 두 눈만 빼꼼히 내놓고는 매서운 추위에도 아랑곳하지 않았다. 급기야 안면 근육이 떨리는 증상이 왔다. 제천에서 청주가 그렇게 먼 줄도 모르고, 서울로 와도 되는 거리만큼 먼 거리를 오가며 치료를 받으면서도 힘들다는 생각을 한 번도 하지 않았다. 지금 돌이켜 생각해보니, 그 일들을 어떻게 해냈을까. 어딘가에 꽂힌다는 건 누구에게나 신명 나는 창조의 신이 있다는 건지도 모르겠다. 바구니 두 보따리씩 싸서 제천행 고속버스로 살림을 나를 때도 힘들다, 고달프다는 생각을 하지 않았다. 감사한 일이다. 내 나이에 이토록 뭔가에 미쳐서, 빠져서 할 수 있던 건 소나무와 구절초와 환경이 만들어준 힘일 테지.

시골집과 서울 집을 오가며 살면서 좋은 건 늘 어딘가를 그리워한다는 것이다. 시골집에 있으면 서울 집이 그립고, 서울 집 현관에 들어서는 순간 시골집이 그립다. 서울은 차가 밀려 제시간에 못 오고 조금씩 지각을 하는, 늘 시간에 쫓기듯 사는 생활이다. 그러나 시골은 다르다. 보이는 것은 자연뿐이니 오는 손님은 반갑고 정신은 풍요롭다. 시골 살림 구경 오는 지인들을 목욕탕 데려 가는 엄마처럼 자연에 샤워해서 싹 씻겨서 서울로 올려보내면 다들 행복해한다. 장엄한 단풍을 보고 간 지인들은 단풍만 보면 이제 이곳 단풍을 그리워한다. 그리움이 있는 사람은 부자다.

시골 사는 가장 큰 기쁨은 역시 경계 없는 이웃들이다. 언제나 화들짝 반갑게 맞아주는 정다운 이웃들. 한번은 검은콩, 누룽지, 삶은 고구마가 든 봉지를 버스 선반에 놓고 내렸다. 한 달 뒤쯤 제천 고속버스터미널을 나오는데 버스 기사 한 분이 강남 갔다 돌아온 제비 보듯 반기며 검은 봉지를 주신다. 아무래도 이 물건이 효재 선생 거 같다며, 고구마는 썩어서 버렸고 남은 것만 보관하다 이제 만나게 되어 준다며 봉지를 내미시는데 "어머, 감사합니다." 하고 건네받았다. 세상에나! 언제 적 걸 이제까지 버리지 않고 간직하셨다니…. 그 마음 씀씀이 고마워 한동안 그 따뜻한 단상이 서울 생활의 위로가 되었다. 또 이런 일도 있었다. 버스에 올랐더니 현금으로 내야 한단다. 뜨거운 여름날, 길치인 내가 은행을 찾고 있었다. 마침 택시 기사를 하시는 동네 분이 차창을 내리고는 인사를 하시길래 얼른 오천원을 꾸어서 "열두달밥상 가서 받으세요." 하고 서울로 올라갔다. 며칠 뒤 제천으로 돌아오니 동네 친구 식당 열두달밥상에 농사지은 고구마 한 박스를 맡겨 놓고 가셨다. 다사로운 이웃들이야말로 시골 사는 기쁨이다. 장날 버스에서 만나는 할머니들은 정애가 넘친다. 장날 시간 맞춰 예쁘게 뽀글이 파마를 하신 할머니들과 버스 안 동무 삼아 내내 수다를 떤다. 내리시면서 한 손에 귤 하나를 쥐어주고 가신다. 어느 날은 사탕 한 알, 어느 날은 통 크게 삶은 달걀 한 꾸러미. 정애 넘치는 뽀글이 군단 할머니들 덕분에 버스를 잘못 타서 시골 길을 한참을 되짚어 돌아 나와도 화가 없다. 시골에서는 돈의 단위가 다르다. 작은 돈으로도 풍요롭다. 장날 좌판에 나물이며 약초 파시는 할머니들에게 "다 싸주세요." 하면 할머니들이 짓는 기쁨의 미소에 보는 사람 마음도 활짝 펴지는 듯하다. 나는 백운면 장날 큰손이다. 식재료를 나르고, 지역 막걸리와 손두부를 서울로 나르며 이웃들과 나누니 나도 좋고, 남도 좋고, 모두가 좋다. 도시에서는 볼 수 없는 소소한 일상 풍경에 마음이 순해진다. 그러니 어찌 서울과 시골을 오가는 이중생활이 힘들 수 있으랴.

오촌이도伍村二都 시골살이

지금은 돌아가신 이모와 나는 사이가 각별했다. 그 옛날 대구 사는 이모 따라 서울로 이사 오던 날이다. 두서없이 이삿짐 박스가 널부러져 있는 난리 통 속에서 나는 전기밥솥을 꺼내 밥을 하고, 어젯밤 생강즙 많이 넣어 만들어둔 오징어채를 꺼냈다. 나름 대구에서 살림 잘한다고 소문난 이모는 중국집에 자장면 시키려다가 내가 차린 밥상을 보고는 "우리 효재는 어디서든 잘 살겠구나." 했다. 나는 내일 이사 가도 오늘 집 정리를 하는 사람이다.

"이사 가던 날 뒷집 아이 돌이는
각시 되어 놀던 나와 헤어지기 싫어서
장독 뒤에 숨어서 하루를 울었고
탱자나무 꽃잎만 흔들었다네
지나버린 어린 시절 그 어릴 적 추억은
탱자나무 울타리에 피어오른다~"

지난겨울 58년 개띠 가수가 부르던 이 노래를 흥얼거리며 이삿짐을 쌌다. 늦은 밤, 이른 새벽 경계 없이 깨어나 제천 살림살이 챙기다 보면 물건 하나하나 저마다 사연 달고 온 것이기에 집 안이 금세 사연들로 술렁댄다. "그래 너는 성북동에 있어. 여기가 더 어울려. 음, 넌 제천 가야겠다. 서울보단 숲 속이 어울리겠어." 간택된 아이들을 행주로 곱게 싸서 새 모이처럼 실어 나른 지 꼭 일 년 만에 오촌이도伍村二都 시골살이 책이 나왔다. 세상이 밝아져 귀신 도깨비가 사라지고, 아파트가 생기면서 장독대가 없어지고, 변소가 화장실로 바뀌고, 걸어다니던 사람들은 자동차로 달리게 되고…. 달님이라고 부르던 시대에 태어나 그냥 달이라고 부르는 시대를 살면서 빠르게 변하는 속도에 처져도 나는 불편한 줄 모른다. 그러기에 컴퓨터는 다음 생에나 배울까 이번 생은 어렵지 싶다. 나의 익숙한 편안함이 주변 사람들은 환장하게 불편할 터인데 아직도 청학동 사람쯤으로 참아주고 봐주신다. 이 책을 빌려 마음을 전한다.
감사드립니다.

지금은 구닥다리가 됐지만 그때는 첨단이었던
전기밥솥을 나는 지금도 쓰고 있다. 우리 남편이
제일 좋아하는 진한 단술, 식혜를 만드는
전용 솥으로 쓴다. 매일 아침 도자기 솥에
밥을 하는데, 먹고 남은 밥은 뚜껑 있는 그릇에
담아 이 전기밥솥에 넣고 바닥에 자작하게 물을
붓고 닫아두면 하루 종일 밥이 촉촉하다.

성북동 효재 앞에 마을버스 정류장이 생겼다. 첫 버스는
오전 6시. 제천 가는 날은 5시에 일어나 머리를 감고 그릇을
차곡차곡 쌓은 바구니를 들고 집 앞 돌벤치에 앉아 버스를
기다린다. 이스름한 새벽녘 적막한 성북동에 앉아 곧 찾아갈
백운면을 그리워한다. 나에게 그리운 곳은 이제, 구름이
많고 바위 끝에 보석보다 찬란한 꽃들이 만개하고, 소나무
아래 이끼들이 이불처럼 덮여 있는 곳. 돌벤치에 앉아 있으면
마음은 벌써 제천 시골집에 가 있다.

PART 1

성북동 살림 날라다 만든

제천 시골집

성북동 살림 덜어내어 제천에 효재 공간을
만들었다. 숟가락 몽당이 하나 사지 않고 있는
살림 늘어놓았는데, 성북동 본가는 살림 덜어낸 티
하나 없이 말짱하다. "아직 딴살림 두 개는
더 차릴 수 있어요." 하는 말에 다들 깔깔 웃는다.
극성스러운 나의 30년 살림 컬렉션이 또 다른
즐거운 공간을 만들어내고 있다.

1

1 창가의 빨간 장바구니는 재활용 쓰레기를 담아놓는 용도다.
들고 다니면서 청소를 하면 꼭 장 보러 가는 것 같아 즐겁다. 쓰레기를
버리러 나갈 때도 '누가 날 쓰레기 버리러 가는 여자인 줄 알겠어.' 하며
스스로 쓰레기 버리러 가는 모습도 예쁘다 칭찬한다.
2 마당에 가지고 나갈 찻상을 꾸리고 있다. 설거지와 청소를 마치고
마시는 차 한 잔은 나에게 주는 선물이다.

가구로 선 그어 공간을 나눈
다정한 거실

땅에 금 긋고 노는 아이처럼 찬장으로 금을 그어 거실과 주방을 나누었다. 그래도 주방과 거실이 한눈에 들어온다. "공간이 좁으니 좋구나." 찬장 하나 돌려놓고선 내가 다 즐겁다. 내가 즐거운 일에는 사람들도 좋아한다. 오는 이마다 "어머, 재밌어라!" 하고 한마디씩들 한다. 작은 그릇장을 거실에 두고 이리 놓을까 저리 놓을까 며칠 궁리를 하였는데, 그 모습에 사람들은 당연히 내가 그릇장을 벽에 기대어놓을 줄 알았던 게다. 예전 시골집에서는 좁은 기찻길 부엌을 만들었다. 싱크대에서 돌아서면 손에 잡히는 거리만큼 높고 큰 그릇장을 두었다. 자연히 좁은 골목이 만들어졌다. 나는 이걸 기찻길 부엌이라고 불렀다. 그러고 보니 제천 집은 그때의 기찻길 부엌 미니 버전이다. 찬장 길이만 한 작은 통로에 서서 과거를 추억한다.

까르르 웃는 웃음소리가 기분 좋은 동생이 있다. 내 눈에는 세상에서 제일 어여쁜 동생이다. 그녀가 집들이 선물이라며 거실에 발레리나 그림을 걸어주고 갔다. 파리 유학에서 돌아온 그녀의 첫 전시 때 나는 이 그림에 마음이 갔다. "다리 그리는 게 너무 힘들었어." 하던 동생의 말이 귓가에 남았었나 보다. 지독히도 외로워서 이렇게 가슴 시린 파란색이 나왔던가. 결국 이 그림은 전시에서 팔리지 않았다. 그리고 세월이 흘러 나에게 온 것이다. 바다인지 하늘인지 모를 파란 배경에 발레리나들이 다리를 곧게 펴고 강강술래를 하고 있다. 언제 봐도 좋다. 집에 들어서서 그림과 눈이 마주치면 그제야 집에 왔구나 싶으니, 그림 하나가 주는 위로가 이렇게 크다.

내년이 더 기대되는
담쟁이넝쿨 집

이사 와서 베란다 철 난간을 떼내야 하나 어쩌나 했다. 거실에서 마당으로 바로 나올 수 있는 베란다 창을 두고 빙 둘러 나와야 하니 이 철 난간이 내게는 흉물이었던 것이다. 단층집인데 철 난간도 없으면 너나없이 남의 집을 제집처럼 드나드는 시골살이에서 곤란할 거라며 몇몇이 말리기도 했지만, 그 이유보다는 구태여 큰 공사 벌이면서까지 집을 손보는 것은 내 스타일이 아니다 싶어 나의 주특기 담쟁이넝쿨을 올리기로 했다. 담쟁이가 자기들이 알아서 타고 올라가는 거 같아도 그렇지 않다. 얽히고설키게 해놓아야 길이 만들어져 원하는 모양대로 올라간다. 커피 한 잔 마신 날 잠이 안 올 때 마당에 나와 잘 타고 올라가고 있는 애를 후두둑 떼어내 난간에 씌우고 있으면 이웃들이 "뱀 와유~" 하고 농담을 하며 지나간다. 마당 안을 참견하는 이웃들의 목소리는 늘 따뜻하다. 어느 날 서울 다녀오니 베란다 난간에 빨간 끈 하나가 양쪽으로 묶여 있다. 길 만들라고 후두둑 떼어낸 덩굴을 비닐 테이프로 붙여놓았던 게 떨어졌는지, 누군가 빨간 끈으로 다시 이어놓은 것이다. '아아, 행복하여라.' 내 집처럼 어루만져준 그 마음이 예뻐 빨간 끈을 바라보며 진심으로 '고마워요' 하고 말했다. 흉물은 언제든지 자랑이 될 수 있다. 노력으로 극복할 수 있다. 내년이면 철 난간은 담쟁이로 뒤덮일 것이다. 그 담쟁이 너머 이웃들과 다정하게 인사를 나눠야지. 그러고는 이렇게 말할 것이다. "우리 집을 담쟁이 집, 넝쿨 집이라고 불러주세요~."

담쟁이잎은 쓸모가 많다. 만두 찔 때, 밥상 차릴 때 온갖 깔개로 사용하니 교통이 불편한 집에 사는 나에게는 상비약처럼 구비해놓는 살림인 것이다.

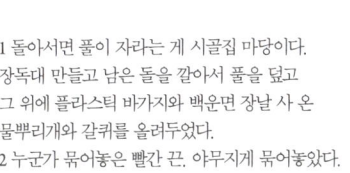

1 돌아서면 풀이 자라는 게 시골집 마당이다. 장독대 만들고 남은 돌을 깔아서 풀을 덮고 그 위에 플라스틱 바가지와 백운면 장날 사 온 물뿌리개와 갈퀴를 올려두었다.
2 누군가 묶어놓은 빨간 끈. 아무지게 묶어놓았다.

언제나 고마워요
웃는 소나무

마당 건너 산 끝자락에서 내 집 마당으로 넘어온 소나무가 하나 있다. 칼침 맞은 소나무다. 송진을 연료로 사용하던 시절, 송진을 채취하기 위해 칼로 그은 상처가 그대로 함께 자랐다. 세월이 지나 상처는 웃고 있다. 꼭 입꼬리가 올라가 미소 짓는 입처럼 웃고 있다. 거북이 등가죽 같은 껍질을 보아 족히 70세는 됐으려나. 상처가 미소가 되기까지 얼마나 모진 시간을 견뎠을까. 꼭 보아야 아나. 나는 가끔 칼침 맞은 소나무에 막걸리 한 잔을 부어준다. 나도 적지 않은 나이인데, 적어도 나보다 오래 살았다는 것만으로 의지가 되어 고맙다고. 세월을 잘 견뎌준 웃는 소나무를 보며 '나도 잘 살아야겠다' 마음속 기도를 한다.

첫사랑도 이렇게 앓았으랴
나의 이끼 정원

집 뒤편에 손바닥만 한 공간이 있다. 어둑어둑 후미진 공간. 해가 들지 않으니 어떤 식물을 심어도 자라지 않아 버려진 이 땅에 나는 이끼 정원을 만들기로 했다. 작정한 그날로 이끼를 찾아다녔다. 이끼 종류가 오백여 종이라는데, 근처에는 십여 종뿐이다. 비로드 같은 비단이끼를 찾을 때까지 포기란 없다. 그리고 결국 집 뒷산에서 이끼 골짜기를 찾아냈다. 오드리 헵번이 주인공으로 나왔던 '녹색의 장원'이 이런 초록이었던가. 영화 '아바타'의 밀림 같기도 한 신비롭고 경이로운 이끼 골짜기를 발견하고선 그날 밤새 울렁울렁 이끼 멀미를 했다. 산삼밭을 발견해도 이렇게 기뻤을까. 다음 날 치즈 칼과 비닐봉지를 주머니에 담고 기억을 더듬어 이끼 골짜기를 다시 찾아갔다. 치즈 칼로 이끼를 살살살 걷어 시루 팥떡처럼 착착 접어서 이끼 얼굴끼리 마주 보게 포개어 비닐봉지에 담아 날다람쥐보다 빠르게 내려왔다. 버려진 땅에 담요 덮듯이 깔아놓고 물만 주니 아름다운 초록이 살아났다. 들며 나며 이끼 정원에 물 주는 게 낙이 되었다. 지난 세월 참 많은 꽃들을 좋아했다. 변심을 일삼으며 마지막에 다다른 게 이끼다. 산행길에 부처손 군락을 발견하거나 이끼 군락을 발견하면 이 자연이 사람들 손에 훼손될까 봐 안절부절못한다. 자연을 훔치는 주제에 훼손을 걱정하는 나의 이중성에 나도 웃는다. 이끼도 꽃을 피운다. 아름답기가 이루 말할 수 없다. 순록은 이끼를 따라 이동한다. 미네랄의 보고라서 그렇다. 좋아하니 잡다한 상식도 늘어난다. 이 설명할 수 없는 애틋함이라니. 첫사랑도 이렇게 앓았으랴.

1 집 앞 나무에 걸려 있는 천사. 문패를 달지 않아도 누구든 이 천사를 보고 우리 집을 찾는다.
2 고속버스 타고 양손에 한 바구니씩 조금씩 날라다 놓은 살림들. 덕분에 필요한 것만 가져다 놓아 정갈하다. 상보 덮은 쟁반은 제일 먼저 이사 온 나의 밥그릇들.
3 조몰락조몰락 수첩도 정리하고 가방도 정리하는 창가. 이곳에 앉아 있으면 앞집 소리들이 건너온다. 뉘엿뉘엿 해 지는 저녁, 담 너머 밥 짓는 냄새처럼 창 너머 일상의 소리가 행복하다.

들고 날 때 기분 좋으라고
현관 앞 옥수수길

옥수수길을 지나 집에 들어가고 싶었다. 동네 친구 '열두달밥상' 여사에게 그 집 맛있는 옥수수 씨앗을 받아 와 마음먹은 대로 현관 앞에 심었다. 며칠이 지나니 꼬물꼬물 올라들 온다. 어느새 무성하게 자라도 서울서 놀러 온 이들은 이것이 옥수수인 줄 꿈에도 모른다. 현관 앞이니 당연하다는 듯 "화초를 심었나 봐요, 언제 피나요?" 한다. 내 눈에만 실한 옥수수가 보였다. 어서어서 무럭무럭 자라렴. 동네 총각들이 시냇물 다리 건너 아가씨가 지나가면 휘파람 불며 농을 걸듯, 옥수수잎들이 지나는 나에게 말 걸어주기를 바랐다. 서울에서 막 돌아온 나의 옷깃에 빗물 묻히며 나 없는 사이 쏟아진 소낙비 소식 알려주기를. 그러나 나의 계획은 장렬하게 실패하고 말았다. 옥수숫대는 더 이상 자라지 못하고 정강이 높이에서 부실한 옥수수 몇 알 맺히는 것에 그쳤다. 땅을 뒤엎고 거름을 줬어야 했는데 지구가 만들어진 이래 내리 풀만 자라던 맨땅에 그냥 심었으니 역시 마음만 앞섰나 보다. 그렇게 올해 옥수수길은 나의 정강이만 간질이다 말았다.

1 사진 속 옥수수는 도타워 보이건만 더 이상 자라지 못하고 정강이 높이에서 성장을 멈추었다.
2 내년 봄에는 옥수수길 건너에 목화도 심어야지.

누구나 앉았다 가는
마당 티 테이블

바람에 뒤집히지 말라고 돌멩이 몇 개 얹어 마당 테이블에 손뜨개 레이스를 깔아놓았다. 빈집 들어올 때 쇠테이블의 썰렁함이 싫어 순전히 나 좋자고 한 일이다. 서울 가는 길에 테이블보를 보며 "집 잘 지키고 있어." 하고 인사도 잊지 않는다. 돌아와 보면 돌멩이가 흩어져 있거나 모여져 있다. 아니면 간혹 사라지고 없을 때도 있다. 새가 그랬을 리는 없고 누군가 빈집을 다녀갔다는 흔적이다. 테이블보가 깔려 있는 걸 보고 사람들은 내가 집에 있는 줄 안다. 삐죽이 들어왔다 인기척이 없으니 돌멩이만 만지작거리다 가는 것이다. 돌멩이가 사라지는 건 애써 치워놓은 것이다. 주위를 살펴보면 여지없이 테이블 위에 있던 돌멩이가 하나 둘 셋 그대로다. '아이쿠, 애써주어 고마워요.' 돌멩이를 주워 다시 올리면서도 그 마음 씀씀이가 고마워 복더위에도 마음이 순해진다. 쌀뜨물처럼 뽀얗던 손뜨개 레이스는 이제는 삶아도 먹색이 끼여 거무튀튀하다. 처음에는 이 아이한테 못할 짓 하는 게 아닌가 싶기도 했다. 이러다 너무 상해서 영영 회복되지 못하면 어쩌나. 그러나 모든 물건에 영혼이 있다고 믿고 아끼는 것도 잘못이다. 내 손과 얼굴에도 검버섯이 피는데, 물질이 변하는 건 당연한 자연의 이치다. 세월은 오면 간다. 푸르고 시드는 게 자연이다. 덕분에 비가 오나, 눈이 오나 나의 손뜨개 레이스는 테이블보로 아낌없이 사용 중. 멀리서 하얀 테이블보가 보이면 이제 집에 다 왔구나 왈칵 반갑다.

깨지지 않는 은제 포트는 마당에서 사용하기에 만만하다. 친한 형님이 어느 날 이사 선물이라며 은포트를 귀하게 싸안고 오셨다. "한복 하는 효재에게 선이 맞다."며 흔쾌히 선물로 주고 가신 걸 제천 집에서 요긴하게 사용 중이다. 혼자 마실 때도 도자기 잔에 티포트를 챙긴다. 지구에 종이컵 쓰레기 하나 만들지 않았다며 번거로운 걸 합리화하며 혼자 노는 것이다.

수다 떨며 자수 놓는 공방
효재의 뜰

시멘트 뼈대에 껍데기만 황토색 칠을 한 볼품없이 작은 성냥갑 집. 집의 반은 땅속에 숨어 있고 얼굴만 나와 있는 움집 형태라 겨울에는 따뜻한 대신 여름에는 습하다. 폐가로 방치되어 곧 헐어버릴 예정이라는 이 집을 "헐면 먼지 나고 돈도 드니 목 축이는 우물가처럼 찻집 만들면 어떨까요?" 하고 제안하여 성북동 살림날라 찻집을 만들었다. 아뿔사. 원시림 보호 구역이라 화장실을 낼 수 없다는 게 아닌가. 차를 마시면 화장실을 들락거려야 하는데. 그래서 처음 생각했던 선비 스타일의 정갈한 찻집 대신 일상에 필요한 소소한 공예품을 팔고 자수도 놓는 공방이 되었다. 공방의 꼴을 갖추기 전 사람들은 볼품없는 이 건물을 보고 "저건 뭐예요?" 하고 물었다. 그 질문이 가슴 아파 얼른 "코끼리집이에요." 하고 이름을 붙여주었다. 이름을 붙여주니 알아서 '어린왕자'에 등장하는 모자 속 코끼리냐는 둥 자신이 알고 있는 코끼리를 끄집어내어 이름을 불러준다. 이름을 짓는다는 건 역사의 시작이다. 사람들은 이제 이 공간을 코끼리집이라 부른다. 효재의 뜰이라는 작은 간판이 있지만, 애칭을 부르는 것이다. 공방을 만들면서 황토칠이 보기 싫어 다시 칠할까도 생각했다. 역시 내 스타일이 아니다. 건물 주위에 빙 둘러 아이비를 심어놓고 벽을 타고 자라기를 기다리고 있다. 지난여름 폭우로 모두 쓸려 내려가 전멸 위기에 처하기도 했지만, 내가 누군가. 다시 빙 둘러 심어놓고 내년을 기다리는 중이다. 내년, 후년 아니면 그다음 해에는 황토색 코끼리집도 초록 집이 될 테지.

코끼리 코에 뚫린 구멍. 뻥 뚫린 하늘만 보다가 밤하늘 별을 여기에 가둬서 보면 하늘이 액자가 되어 그 풍경이 가슴에 쿡 와서 박힌다. 넋을 놓고 일을 하다 칠흑같이 어두워진 밤 공방을 나서면 현관 문턱에 서서 "어머어머" 감탄을 하며 액자 속 밤하늘을 본다.

추억을 수놓는 자수방

주부를 가장 빛나게 하는 파티웨어는 앞치마다. 이 파티웨어 앞치마와 앙상블을 이루는 건 행주. 나에게는 어떤 행주를 쓰고 있는가가 그 사람의 격이다. 누구누구 집에 갔다가 너무 오래 써서 미역같이 흐물흐물해진 행주를 계속 쓰고 있는 걸 보면 충격이다. 아무리 명품 백 들면 뭐하나. 다음번 만났을 때 슬그머니 꽃수 놓인 행주를 선물로 준다. 주부들의 부엌에 꽃수 놓인 행주 하나 있었으면 하는 바람으로 자수방 첫 수업은 이미 들꽃 한 송이 수놓인 행주에 자신의 이니셜을 넣는 것이다. 박음질로 이름을 수놓는 그 잠깐 동안 학창 시절 가정 시간이 생각난다며, 그때 놓은 수가 어디 있을 거라며 추억의 수다가 한 보따리. 수다는 떨지만 손은 수를 놓으니 수다 끝에 생기는 이니셜 새긴 꽃수 행주 수확물에 이만저만 기뻐하는 것이 아니다. 아까워 행주로 어찌 쓰느냐며 손수건으로 쓰겠다는 이들도 있지만 나는 꼭 행주로 쓰라고 말한다. 채반에 널어놓고 간 수다들을 치우며 나는 우리나라 주부들의 격을 높였다며 스스로에게 훈장을 준다.

1

2

3

1 가는 못 박아 수틀째 그대로 걸었더니 근사한 자수 벽이 되었다.
2 에어컨 자리인데 여기에 에어컨을 달지 않고 자수 커튼을 달아 가렸다. 여름내 습도와 더위 때문에 유혹은 있었지만 결국 달지 않고 어여쁜 자수 커튼 보며 버텼다.
3 한과를 담았던 바구니를 바느질 도구함으로 쓴다.

1 여백 있는 실내
코끼리집 내부는 최소한의 못질과 최소한의 가구로 텅 빈 여백을 만들고 싶었다.
선비 스타일의 정갈한 찻집을 원했으나 화장실을 만들지 못해 지금은 생활에
필요한 소소한 공예품을 팔고 수를 놓는 자수방이 되었다.

2 인테리어 별거 있나
자수방 빈 벽에 선물받은 차를 늘어놓는 것으로 인테리어를 대신했다.

3 자수방 안쪽 작은 부엌
선반 대신 돌을 두어 지나는 관을 가리고 소쿠리를 걸어 밸브를 가렸다.
물건 하나하나마다 놓인 이유가 있다. 수도 옆 접이식 바람막이는 물 튀지 말라고
둔 것. 오는 이마다 아기자기 소꿉놀이 같다며 웃는다. 집 앞 경은사의 석간수를
아침마다 떠 와 찻물은 정안수 그릇에 담고 남은 물은 그날의 차를 만든다.

남편이 어느 해 한 잡지에서 신년 메시지를 써달라는 부탁을 받고 썼던
글귀의 원본이다. 쉿! 한 글자. 세상이 너무 시끄럽다며, 각자의 말만 떠드니
상대방의 말에 귀 기울이라는 메시지를 담았다. 담백한 메시지가 이 공간에 어울려 벽에 붙여두었다.

돌 딛고 들어가는 다도방

(왼쪽) 찻집은 포기했지만 다도 수업은
진행한다. 원하는 이들이 있으면 제천에
사시는 다도 선생님과 시간 맞춰
여기에서 수업을 한다. 다도방 턱이 높아
오르기 힘들어 어쩌나 궁리하다 돌을
사랑하는 나의 취향 살려 디딤돌을
가져다 놓았다. 신발 벗고 디딤돌을 한
발 딛고 올라가는 다도방을 재밌어한다.
로얄코펜하겐 그릇장을 입구에 두었더니
다들 비싼 그릇이라고 생각했는지
진열되어 있는 물건들을 함부로 만지던
이들도 이 앞에서는 조심을 한다. 그게
나는 또 거슬려 부러 "이 공간에서 이
그릇만 일회용 종이컵이라고 생각하시면
돼요." 하고 말한다. 작가들의 일상
공예품을 알아봐주는 안목도 담아
가기를 바라는 그 말뜻 알아채고 내가
모르는 분야의 다른 물건들도 귀하게
여겨주니 난 또 그게 고마워 거슬렸던
마음이 순해진다.

1 큰 창문 그대로 살린 인테리어

한 벽을 차지하는 창문 두 개가
공간에서 너무 벅차 어떤 가구를
두어도 어울리지 않는다. 궁리 끝에 그
아래쪽에 성북동 효재에서 사용하던
오동나무장을 두고 병풍을 세우니
그것으로 족하다. 뜯어내고 덧붙이지
않고 있는 그대로를 살려 있는 물건
늘어놓는 것. 그것이 비법이랄 것도 없는
나의 인테리어 스타일이다.

2 찻자리

자수 방석와 낮은 찻상 하나로 찻자리를
만들었다. 사람이 많으면 한쪽 벽에
쌓아둔 소반을 각상으로 낸다. 모였다
흩어졌다 필요에 따라 조립되는 가제트
찻자리다.

3 다도방 찻살림들

어느 것 하나 이 공간을 위해 구입한
것이 없다. 모두 성북동 효재에서 날라다
늘어놓은 찻살림들. 친한 형님들이
오셨다 이 공간을 열어보시곤 "이렇게
늘어놓아도 성북동 효재는 살림 들어낸
티 하나 나지 않는다." 며 깔깔대고
웃으신다. 그 말끝에 내가 "아직 두 개는
더 차릴 수 있어요." 하니 모두가 또다시
박장대소.

원래 있던 둥근 양은집에 80만원 주고 철물점에서 사 온 철사줄을 천장에 매달아 완성한 요리 스튜디오 달. 나머지는 있는 살림 나르고, 말린 옥수수며 돌은 자연에서 가져왔다. 비용은 적게 들었지만, 공간의 균형미 맞추는 데는 두 달이 걸렸다. 철사줄 걸어놓고 한참을 보고, 또 한 줄 걸어놓고 한참을 보고 하면서 조금씩 완성해나간 공간이다. 돈 안 들이고 하는 인테리어는 자칫 구질구질할 수 있다. 그 경계를 잘 지켜야 정다운 공간으로 완성된다.

옥토끼처럼 약초 밥상 짓는
요리 스튜디오, 달

처음, 양은으로 만든 둥근 이 건물을 보고 '낮달이 떴네.' 했다. 전설 속의 옥토끼는 달나라에서 공이를 쥐고 항아리 모양 약절구 속 불사약을 찧는다. 나는 이곳에서 제천의 제철 식재료와 약재를 이용하여 자연의 음식을 만들기로 했다. 장작불 화덕에서는 감자와 고구마가 익어가고 무쇠솥에서는 육개장이 보글보글 끓는 정겨운 풍경이 머릿속에 그려졌다. 화덕 위 대롱대롱 매달려 있는 돼지 앞다리살도 모락모락 연기를 피우며 익어간다. 때론 느리고 때론 불편해도 그것이 주는 위로와 낭만이 있다. 그날로 나는 이 집을 달집이라고 이름 붙였다. '달집 가자.' '달집 봤어?' '달 속에 들어가 봤니?' '달집에서 밥 먹자.' 달 스튜디오를 향한 말들은 한 줄의 짧은 시처럼 얼마나 근사한지. 언어가 달라지니 덕분에 전설과 신화가 현실이 되었다. 달집에서 만들어지는 음식들이 피로한 일상의 든든한 갑옷이 되기를. 전설과 신화가 잊힌 이 시대에, 나는 달집에서 옥토끼가 되어 약초 밥상을 짓는다.

화덕이 있는 달 스튜디오

뒷산의 돌을 날라 빙 두른 다음, 동네 숯 공장에
가서 숯 부스러기를 얻어 와 바닥을 도톰하게 깔
았다. 천장부터 쇠사슬을 내려 솥걸이를 만들고,
가운데에 숯불을 지피니 근사한 화덕이 완성되
었다. 여기에서 고구마와 감자를 굽고, 전도 부치
고 커피도 끓여 먹는다. 새해 떡국도 끓여 먹었
다. 숯불의 재가 날아와 온몸이 하얘져도 오는
이마다 다들 행복해하니 돌 나른 보람이 있다.
불 맛을 보며 음식을 먹는다는 것은 역설적으로
시골 생활이 주는 사치일지도 모르겠다. 손이 많
이 가고 불편해도 풍류가 있다. 충분히 아름답고
멋진 일상 예술 아닌가.

어릴 적 동네 샘터를 떠올리며 만든
수돗가. 말린 옥수수를 걸고 돌을 가져다
두었는데 덕분에 이 공간에서의 물놀이가
재미있어 바구니도 엎어놓고, 찻잔이며 채소
씻느라 떠날 줄 모른다. 이 돌 하나 때문에
살림하는 행위 자체가 일이 아니라 놀이가
된다.

1

2

1 합판 몇 장과 시멘트 블록으로 완성한 선반장. 블록 구멍은 자잘한 살림 정리함이다. 칼도 꽂아놓고 치즈 포크며, 샐러드 서버 등을 넣어놓았다.
2 죽은 고목을 잘라 받침돌처럼 사용한 선반장. 바닥재가 엄청 초라했는데 이 화려한 선반장 덕분에 바닥이 가려져 눈에 들어오지 않는다.
3 천장부터 철사줄을 늘어뜨려 잔을 걸었다. 일곱 줄을 먼저 쳐놓고 한 줄 치고 밀러서 보고, 다시 한 줄 치고 밀러서 보며 두 달에 걸쳐 완성한 철사줄 걸개 찬장이다.

3

화덕에서 끓이는 커피탕

달집에서 마시는 커피는 '드립한 커피'가 아니라 핸드메이드로 '끓이는 커피탕'이다. 태초의 커피인 것이다. 화덕 숯불 위로 프라이팬을 올리고 커피콩을 볶는다. 볶은 커피콩은 바꿔 건 냄비에 넣어 물을 붓고 팔팔 끓인다. 물은 당연히 아침에 경은사에서 길어 온 석간수. 이렇게 만드는 커피탕은 커피콩을 분쇄하지 않았기 때문에 맑고 개운하다. 마치 탁주와 청주의 차이라고 할까. 커피가 다 끓을 즈음 나는 사람들에게 마시고 싶은 커피잔을 직접 고르게 한다. 달집 철사줄에 주렁주렁 매달려 있는 잔들을 찬찬히 둘러보고 신중하게 골라 온 커피잔에 커피콩 한두 알 띄워서 내어준다. 볶고 끓이는 걸 옆에서 보고 마시니, 다들 약처럼 귀한 마음으로 마신다. 커피탕을 끓일 때마다 느끼는 거지만 때론 느리고, 때론 불편해도 그것이 주는 위로가 있다. 나 혼자 마시자고 커피탕을 끓이는 건 어쩐지 사치인 것 같아 커피탕이 그리운 날은 언제 손님이 오시나 기다리게 된다. 덕분에 화덕의 불놀이가 있는 겨울밤이면 달집이 왁자하다. 난방이 되지 않아 추운 이곳에서 사람들은 커피탕 한 잔으로 불편하지만 풍요로운 뺄셈의 라이프를 경험한다.

1

2

3

1 팔팔 끓인 커피탕이 뜨거우니 천천히 불면서 마시라고 우물물에 나뭇잎 한 장 띄워 건네듯 커피콩 한두 알 띄워 낸다. 맑고 개운한 커피탕. 그 맛을 어찌 설명해야 하나. 글로는 부족하다. 마셔봐야 안다.
2, 3 조롱박을 잘라 만든 커피 서버에 커피콩을 듬뿍 담아 화덕 위 냄비에 넣고 물을 부어 끓인다. 분쇄하지 않아 커피가 우러나는 데 시간이 걸리기 때문에 오랫동안 끓여야 한다.

PART 2

어미 새 모이 나르듯 서울로 실어 나르는

제천의 인연들

서울과 제천을 오가는 생활이지만,
바람난 남자처럼 내 마음은 늘 제천에 가 있다.
어린 시절 내가 살던 시골의 모습 그대로,
신기할 것도 없이 익숙한 그 모습.
나만 뻥튀기처럼 뻥 튀겨서 늙어 있다.
어린 시절 보고 자랐던 모습들이 반가워 나는
시골살이의 인연들을 부지런히 서울로 실어
나른다. 혼자 누리기엔 어쩐지 아까워서 말이다.

타임머신 타고 과거로 돌아간 듯
최덕순씨댁 가마솥 손두부

시골 동네에 살면 소개랄 것 없이 저절로 알게 되는 게 있다. 찾아다니지 않아도, 인터넷을 통하지 않아도 저절로 알게 되는 것. '최덕순씨댁' 두부집이 그런 경우다. 맨날 다니던 길인데, 그날은 왜 그랬는지 길을 잘못 들어 최덕순씨댁 두부집을 지나게 되었다. 동네 어귀 손두부집이 신기해 들어가니 방 안에 동네 할머니들이 오글오글 앉아 계신다. 화투도 치지 않고, 그렇다고 수다를 떠는 것도 아니고 그냥 벼름박에 기대어 앉아들 계시는 그 모습이 생경해 "두부 언제 만드세요?" 하고 빈소리만 하고 돌아 나왔다. 그날부터 제천 집 들고 나는 길에는 일부러 들러 "두부 있어요?" 하고 얼굴을 삐끔 내민다. 마침 두부가 있으면 사고, 없으면 만다. 두부를 꼭 사겠다는 마음이 아니어서 두부 끓이는 솥이 빈 솥이면 다시 와야 하고 나오는 것이다. 별일 없으시죠 하고 싱거운 소릴 하며 얼굴을 삐끔 내밀어도 시골살이에서는 하나 이상하지 않다. 어느 날엔 최덕순씨댁 두부집 이숙회 할머니 (최덕순씨는 할아버지 이름이다)가 전화를 걸어 "두부 안 사러 와요?" 하신다. 그러면 난 "저 서울 있어요, 두부 쑤는 날 갈게요." 한다. 드나들면서 최덕순씨댁 두부집 역사를 자연스레 알게 되었다. 20년 쓰고 바닥이 뚫어져 첫 놈은 버리고, 두 번째 산 가마솥이 다시 20년 됐다고 하니 두부집은 그러니까 자그마치 40년 역사. 직접 농사지은 대두를 사용하고 강원도에서 올라오는 소금으로 간을 하여 두부를 만든다. 이렇게 만든 두부를 팔아 사남매를 키우셨다. 명절 때는 밤에 잠도 못 자고 두부를 만드는데 그러고도 양을 못 맞춰 동네 할머니들이 손을 거든다. 아침 방송 출연 덕분에 전국의 유명하다는 두부집을 다녀봤지만 가마솥으로 끓이는 두부집은 귀하다. 모두들 편리성 때문에 양은솥이나 스테인리스 솥을 쓰는데, 최덕순씨댁에서는 노란 알전구 아래서 여전히 바닥 두툼한 가마솥에 애써 두부를 끓인다.

(왼쪽) 전날 밤 불려두었던 콩을 오전내 한 솥 끓여서 나오는 두부는 고작 24모. 귀한 손두부가 아닐 수 없다. 최덕순씨댁 이숙회 할머니의 손두부를 아이스박스에 담아 와 서울 형님들과 나누면 명품 두부 왔다며 다들 아이처럼 좋아한다.

1 무심코 지나쳤던 간판인데 어느 날 길을 잘못 든 덕분에 간판 속 두부집을 알게 되었다.
2 명품 손두부라 요리랄 게 필요 없다. 온두부는 꽃무늬로 구멍을 파서 여기에 양념을 넣고 꽃무늬 접시에 담아 앞 접시랑 내어 각자 뚝뚝 떠먹게 한다.

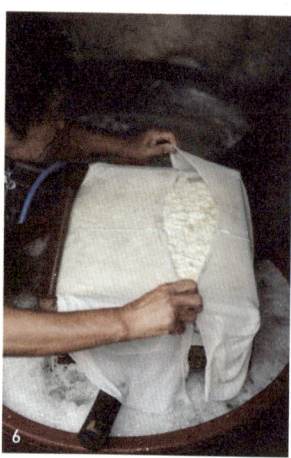

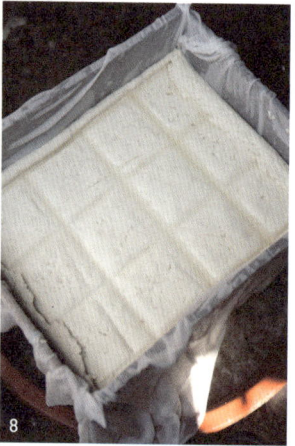

최덕순씨댁 가마솥에 두부 쑤는 날

1 전날 불린 콩을 아침에 갈아놓는다. 가마솥에 물을 끓여 여기에 간 콩을 넣고 다시 한소끔 끓여서 면포 주머니에 거른다.

2,3 주머니를 꼭꼭 짜서 나온 콩물을 다시 가마솥에 붓는 다. 이때 걸러서 나온 비지는 소여물로 사용한다고.

4 콩물을 다시 끓여서 소금 푼 물을 넣는다. 시간이 지나 면 두부가 구름처럼 얽히면서 순두부가 된다.

5,6 모판에 면포를 깔고 그 위에 순두부를 붓는다.

7 뚜껑을 덮고 무거운 맷돌을 올려 두부 물이 빠지도록 한 다. 두부 모판과 뚜껑은 최덕순 할아버지가 직접 손으로 만들었다.

8 두부를 덮었던 나무 뚜껑에 금이 가 있어 두부에도 금 이 생긴다. 금 모양대로 자르면 두부 한 모가 완성된다.

현장에서 누리는 입호사, 순두부 한 잔

한 번 끓인 콩물의 비지를 걸러내고 다시 끓이는 콩물에 간수를
넣으면 두부가 구름처럼 엉킨다. 이때 만들어지는 두부가 순두부
다. 맛보라며 한 국자 떠주시는데, 이때 먹는 순두부가 그렇게 맛
있을 수가 없다. "이것이 진짜 두유구나." 하는 말이 절로 나온
다. 이제 막 모판에서 나온 뜨끈한 두부 맛도 일품이다. 입천장 델
까 봐 호호 불며 먹는 두부의 맛. 두부 쑤는 현장 아니면 어찌 누
릴 수 있을까. 잔칫날 전 부치는 엄마 옆에서 한 장씩 받아먹는 재
미에 부엌 들락거리는 아이처럼, 순두부 한 잔 얻어먹으려고 최덕
순씨댁 가마솥 옆을 함께 지키고 있으면 소여물용 비지를 얻으러
오는 이웃도 있다. "와! 여기서는 소가 비지를 먹네요." 하고 말하
면 "가족이유." 하신다.

최덕순 할아버지가 만든 나무 모판에 이숙희 할머니가 만드는 두
부는 가마솥으로 한 솥 끓이면 두 판 분량이 나온다. 한 판에 열
두 모씩, 총 스물두 모가 만들어진다. 새벽부터 콩을 갈아 몇 시간
만에 겨우 스물두 모 생산되는 두부라니. 브랜드 두부와 비교조
차 하지 마시길. 그만큼 맛도 명품이다. 최덕순씨댁 가마솥 두부
먹다 서울 두부 먹으면 죄다 맹탕이다. 가격은 한 모에 3천원. 혼
자 알고 먹기 아까워 서울 가는 날에는 꼭 들러 한 아름 안고 가
니, 이제 명품 두부 언제 오느냐며 배달 성화하는 이들도 생겼다.

두부가 구름처럼 엉킬 때 한 국자 떠주시는데,
이때 먹는 순두부가 그렇게 맛있을 수가
없다. 토요일에는 오전 10시부터 백운면
읍내장에 나가 직접 두부를 파신다.

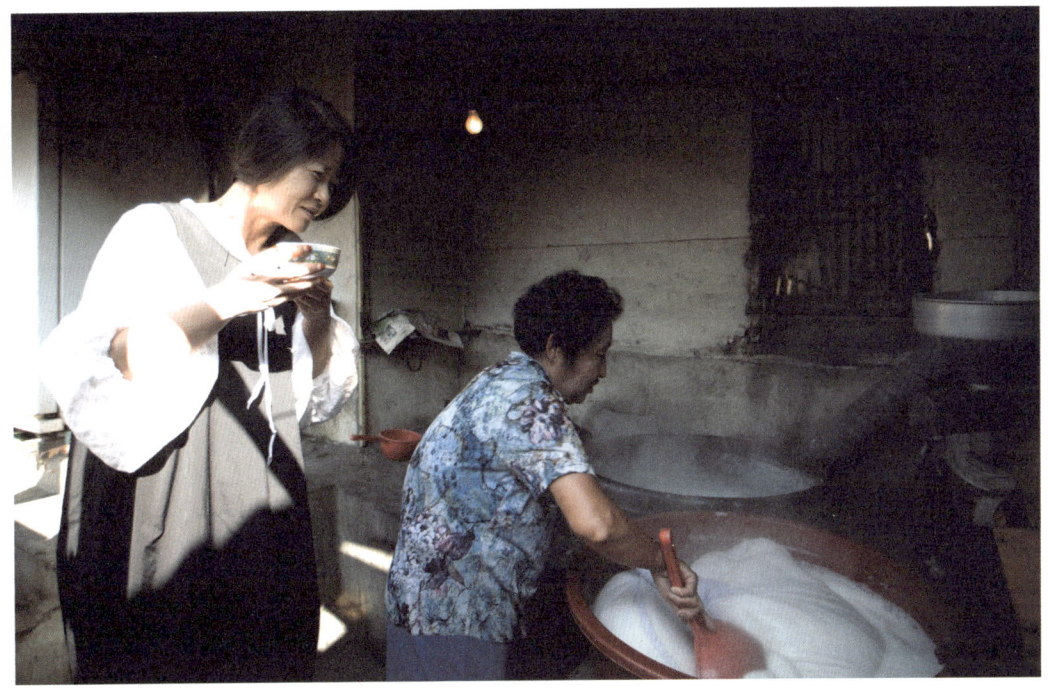

백년 된 술독에서 발효시키는
백운 막걸리

동네에 오래된 술도가가 있다는 말을 듣자마자 알려 달라며 면장님 앞세워 찾아간 곳이 백운 막걸리다. 들어서자마자 과연 역사가 느껴졌다. 반질반질 손때 묻은 타일, 페인트를 덧칠한 나무 유리문, 게다가 100년은 족히 넘었다는 술독은 말하지 않아도 이야기를 품고 있다. 막걸리가 대세이던 시절엔 직원이 백여 명에 달했던 적도 있다는데, 지금은 아들 내외가 아버지를 도와 명맥을 유지하고 있다. 알고 보니 제천에서 내 집처럼 드나드는 동네 식당 '열두달밥상'에서 마셨던 막걸리가 이곳 막걸리였다. 지척에 두고 그제야 안 것이다. 홍어 요리 잘하는 수라길이라는 식당이 있다. 허영만 선생님의 만화 '식객'에도 등장하는 수라길에도 이 집 막걸리가 납품되고 있다고 하니, 난 이미 오래전에 이 집 막걸리를 만났던 것이다. 인연이란 애써 들추고 말하지 않아도 언젠가는 서로 알게 된다. 항아리에서 익어가는 원액을 한번 맛보면 물로 희석하여 아스파탐으로 간한 막걸리는 영 싱거워서 못 먹는다. 술도가가 지척이니 얼굴을 튼 날부터 이 원액 '진땡이'를 열심히 서울로 나르고 있다. 제천 놀러 온 이들의 차편에 실어 보내기도 하고, 서울 나가는 길에는 아이스 박스에 두 병씩 담아서 제천 터미널로 향한다. 서울 사람들은 이 '진땡이 탁주'를 커피 마실 때처럼 향을 맡고 한 모금씩 마시는데 그 깊은 술맛에 다들 끙끙 앓고 간다. 그 모습이 좋아, 제 멋에 신이 나서 어미 새가 모이 나르듯 무거운 줄 모르고 열심히 나르는 것이다.

1 어린 시절, 아버지 술심부름에 양은 주전자 들고 막걸리 받으러 갔던 옛날 술도가 모습 그대로.
2 발효되는 소리가 시끌시끌하다. 뽀글뽀글 들쭉날쭉. 술의 맛을 항아리에서 마무리하고 있는 중이다.
3 술독 하나가 하루에 담기는 분량. 왼쪽으로 갈수록 하루씩 더 익어가고 있는 술이다. 묵은 술독에서 나오는 그 맛을 새 항아리는 흉내 내려야 낼 수가 없다.

양은 절구 막걸리 쿨러

탁주는 역시 양은 주전자에 담아 양은 잔으로 마셔야 제맛이다. 나는 여기에 더해 탁주병을 와인처럼 양은 절구 쿨러에 담아낸다. 이렇게 내어 주면 술을 마시기도 전에 사람들은 이야기꽃부터 피운다. 우리 집에도 있다는 둥, 친정엄마네 있는 걸 가져와야겠다는 둥, 나도 이렇게 써야겠다는 둥. 내 나이 또래는 다들 양은 절구에 대한 추억 한 자락씩 있으니 수다가 넘친다. 돌절구 쓰던 시절, 돌절구에 비하면 공기처럼 가벼운 양은 절구는 혁명이었다. 지금은 나쁜 성분이 나온다며 사용하지 않지만, 내게는 요긴하다. 조심하며 쓰지 않아도 되니 손님 많은 집에서는 만만한 살림 도구다. 안주를 가져갈 때쯤 되면 수다는 양은 절구에서 '진땡이 탁주'로 바뀌어 있다. 역시 아스파탐을 넣지 않아 인공적인 단맛이 아니라는 둥, 쌀의 단맛이 이렇게 깊은 줄 몰랐다는 둥. 사람이 바뀌어도 수다의 레퍼토리는 늘 똑같다. 한번은 친구들 모인 자리에 낮술 하라고 묵은 김치를 들기름에 지져 아욱 잎사귀에 싸서 진땡이 탁주와 보낸 적이 있다. 친구들은 묵은 김장 김치와 탁주가 치맥을 눌렀다며 술자리 사진을 찍어 보내주었다. 진땡이 탁주 두 병을 들고 버스 타고 서울 온 노고를 아는지 모르는지. 그래도 술맛을 알아보니 나는 또 그것이 고맙다.

술도가는 좁고 긴 복도를 지나야 너른 마당으로 들어간다. 유리문 안쪽을 예전에는 사무실로 사용했다는데, 지금은 창고로 사용하고 있다. 나는 또 그게 안타까워 안주 몇 품 연구해서 작은 막걸리집 하나 내라고 잔소리를 한다.

1 술 위에 부글부글 끓고 있는 삭힌 밥을 거르면 이것이 술지게미다. 술지게미는 사과밭 거름으로 사용하고 있다고.
2 백운 막걸리에서 받아 온 진땡이 탁주를 아이스박스에 두 병 담아 쪼잔하다 싶을 정도로 알뜰하게 서울로 나른다. 한번 공기 접한 술은 맛이 변해 다시 먹을 수 없기도 하거니와, 다른 술처럼 유통 기한이 길지 않기 때문이다. 알뜰하게 날랐는데도 술이 남으면 무심한 듯 냉장고에 넣어두고 막걸리 식초를 만든다.

가을을 기다리게 하는
제천 사과

첫 이삿짐이 들어오던 날, 백운 면장님이 이사 선물로 사과 한 박스를 주고 가셨다. 이삿짐 정리에 정신이 없어 한쪽에 방치하다시피 두었는데, 밥때가 지나 더 이상 후들거려서 힘을 못 쓰게 되자 그제야 면장님이 주고 가신 사과가 생각났다. 상자를 열어보니 알이 굵은 사과들이 누워 있다. 큰 과일은 아무리 궁리해서 접시에 담아도 예쁘지 않아 나는 작은 과일만 산다. 작은 과일은 한 손에 들고 깎기도 좋고, 접시 담음새도 예쁜 데다, 먹기도 편하다. 남자가 골라 앞뒤 생각 없이 큰 놈으로만 골랐나 보다 했다. 이삿짐이 다 들어오지 않아 그때는 칼도 없을 때다. 어둑어둑한 방 안에서 사과를 툭 베어 먹었다. 달고 맛있다는 말로는 채 설명이 되지 않는 맛. 쫄깃한 식감에 과즙이 입안에 가득했다. 그날의 사과 맛은 잊지 않는 풍경과 추억처럼 머릿속에 그림처럼 남았다. 허기를 채워준 제천에서의 나의 첫 사과. 이삿짐 정리하는 며칠 동안 서리해서 먹는 사과처럼 옷에 쓱쓱 닦아 아구아구 먹었다. 퍼주기 좋아하는 내가 한 박스를 독차지하고 다 먹었다. 나중에 면장님께 물어보니, 동네 사과농장 사과란다. 같은 메주로 담가도 집집마다 장맛이 다르듯, 지역 브랜드를 달고 나가는 과일이라도 농장마다 맛이 다르단다. 지역 사람들은 그래서 어느 농장 과일이 맛있는지 안다. 내가 누군가. 나의 첫 사과를 물어물어 찾아갔다. 그리고 그날부터 사과 농사 30년 달인 박달농원 황순옥 여사의 사과 팬이 되었다.

1

(왼쪽) 생선이건 과일이건 막 잡고 따서 그 자리에서 먹는 게 최고의 맛. 사과 담은 바구니는 일본 여행길에 사 온 으름덩쿨로 만든 것. 어떤 용도로 쓸까 끼고 다니며 식탁에 올려두었다, 선반에 두었다 열두 번을 옮기며 쓰임새를 찾다가 이렇게 사과 바구니로 당첨되었다. 이제 이 바구니는 과수원 나들이용 바구니가 되었다.
1 제천의 가을은 빨갛게 익어가는 사과 향으로 가득하다.
2 밖에서 볼 때는 다 같은 사과인 줄 알았는데, 한 과수원에서 다양한 사과 품종이 자라고 있다.
3 동네 입구에 있는 황순옥 여사의 박달농원. 남편과 30년을 일군 사과 농장이다.

2

홍로   양광   부사   시나노 이스트   미니사과(꽃사과)

홍옥

3

단풍 얹어 가을 사과 배달

동네 사람들과 교류하면서 제천 사과가 맛있는 이유를 알게 되었다. 제천은 높은 산으로 둘러싸인 분지 지형이라 일교차가 심하다. 17~18도 차가 난다고 하니, 이런 기후에서 자란 사과는 과질이 치밀하고 단단하여 맛있다고. 그래서 다른 지역 사과보다 제천 사과가 묵직하다. 제천 사과를 처음 먹던 날 쫄깃한 느낌이었는데, 과질이 단단해서였다는 걸 설명을 듣고 그제야 깨닫게 되었다.

제천에서 가을, 겨울을 나고 다시 나무에 초록이 올라오는 계절이 되자, 나는 점점 푸릇푸릇해지는 사과나무를 보며 혼자 또 앞서나간다. 때가 되면 사러 와야지, 누구도 줘야지, 누구에게는 꼭 이 사과 맛을 보여줘야 돼 하며 가을 사과 배달할 생각에 과수원 지나는 길이 내내 행복했다.

막 잡은 생선이 맛있는 것처럼 과일도 나무에서 막 땄을 때가 제일 맛있다. 과수원 선별장으로 가면 그날 딴 사과를 바로 살 수 있는데, 직접 딴 사과만 할까. 황순옥 여사에게 사과 따는 요령을 금세 배워 먹을 만큼 따서 바구니에 담아오는 길이면 만선의 선장처럼 기쁨이 넘친다.

꼭지가 떨어지지 않게 따는 것이 요령. 판매하는 사과는 꼭지가 떨어지면 상품 가치가 떨어진단다. 나는 내가 먹을 거니 상관없지만 그래도 황순옥 여사가 알려준 요령대로 꼭지를 빙빙 돌려 꼭지가 떨어지지 않도록 신경 쓰며 딴다.

시골은 서울보다 단풍이 일찍 온다. 사과 몇 알에 가을 단풍 얹어 보냈더니 "어머, 가을이 왔네." 하고 다들 기뻐한다. 요즘같이 넘치는 세상에 많다고 덕이 아니다. 반가움이 더 크다. 친구들은 앞으로 단풍을 볼 때마다 단풍 덮은 사과와 함께 내가 떠오르겠지. 내가 죽은 뒤에도 사과 보면 내 생각 하라고, 가을이 오면 제철 사과에 가을 단풍 얹어 보낼 테다.

명인이 만드는 핸드메이드 빗자루
광덕 빗자루

제천 터미널에 도착해 배가 고파 어느 식당에 쑥 들어갔다. 밥을 먹고 나오는데 식당에 전통 빗자루가 걸려 있다. 색실 넣어 만든 솜씨가 어여뻐 식당 주인에게 직접 만든 거냐 물으니, 손사래를 치며 광덕 빗자루 명인의 것이라 알려준다. 이렇게 해서 전국에서 유일하게 제천에 하나 남았다는 전통 빗자루 공예사, 광덕 빗자루를 알게 되었다. 수수와 갈대를 엮어 만드는 전통 빗자루는 예전에는 동네 할아버지들이 소일거리로 만들던 공예품이었다. 전문가의 솜씨만 할까마는 그래도 그때는 그렇게 어느 집이나 흔하게 만들어 썼던 게 빗자루다. 예전부터 시골길 누구 집에 빗자루가 걸려 있으면 그 집 할아버지에게 담뱃값을 드리고 "저도 하나 짜주세요." 했더랬다. 그렇게 모은 빗자루가 여럿. 요즘에는 이렇게 만나기도 귀하다 했는데, 제천에 와서 빗자루 귀인을 만난 것이다. 청소기와 중국산 빗자루에 밀려 추억의 살림 도구가 되어버렸지만, 이곳 제천에는 묵묵히 그 명맥을 잇고 있는 이동균 장인의 광덕 빗자루가 있다. 장인을 만나고 든든한 마음에, 닳을까 애지중지 아껴 쓰던 빗자루를 이제는 아낌없이 쓰고 있다.

1 허리 벨트에 긴 쇠줄을 연결한 발걸이에 발을
끼고 재료를 고정시킨 후 실을 걸어 팽팽하게 감아
빗자루를 만든다. 돕는 이 없이 혼자 해야 하니,
혼자 작업하기 쉽도록 이 도구를 직접 개발하셨다.
2 이렇게 하나하나 엮어 만든 빗자루를 마지막에
다듬잇돌 위에 놓고 망치로 두드려 고르게 한다.
이래야 실이 놀고 빠지는 것 없이 단단해진다.
일종의 담금질인 셈이다.

이동균 장인의 광덕 빗자루 만들기

갈대와 수숫대를 채취하여 소금물에 삶고 그늘에 말려
손으로 고르고 다듬고 나면 그제야 빗자루 재료가 된
다. 예전에는 채취하는 것도 직접 하셨다는데, 지금은
힘이 들어 택시 기사 하는 이에게 부탁해 집집마다 수
수 털고 남은 수숫대를 걷어 온다. 1관에 2만원의 셈을
치르면 보름 정도 작업할 분량이 나오는데, 고작 그 분
량도 사겠다는 임자가 있어야 하니 본인 뜻과 상관없
이 세상에서 밀려난 일에 내가 다 야속하다. 세상이야
어떻든 작업 시간이 되면 2층 살림집에서 1층 작업실로
내려와 빗자루를 만드신다. 묵묵히 대를 고르고, 실을
감는 이동균 장인의 모습이 마치 미사를 집전하는 신성
한 사제 같다. 이렇게 고된 과정을 거쳐 만드는 빗자루
를 사람들은 어찌 비싸다 할까.

완성한 빗자루는 마당에 펼쳐
햇볕에 쨍쨍하게 말린다.
이동균 장인의 광덕 빗자루를
알게 된 그날 이후, 나는 광덕
빗자루 전도사가 되었다.

목탁비

늘목비

쓸털

황목비

장목비

재료나 쓰임새에 따라 이름 붙인, 전통 빗자루

시장에 나온 빗자루는 웬만하면 중국산이다. 우리 빗자루를 사용해보면 뭐가 다른지 안다. 재료부터 다르다. 몇 번 쓰고 나면 중국산은 부서지는데, 우리 건 질기다. 중국산은 기술이 없어서인지 실이 놓고 빠진다. 이동균 명인 말씀 빌려 말하면 원숭이처럼 흉내만 낸 막비다. 이동균 장인에게 들은 빗자루 설명을 옮기면 이렇다. 빗자루의 소재는 크게 두 가지이다. 갈대 또는 수수. 갈대는 어디에서 나는 갈대냐에 따라 바다가리, 또랑가리로 나뉜다. 수수는 수수의 품종에 따라 황목, 을목, 장목, 목탁이 있다. 같은 수수라 해도 품종이 다르니, 품종에 따라 색깔과 대의 모양이 모두 다르다.

1

(왼쪽) (큰 빗자루만) 왼쪽부터 목탁비, 늘목비, 황목비, 장목비. 수수의 종류에 따라 색과 모양이 이렇게 다르다. 가운데 작은 빗자루는 쓸고 털고 하는 용도라고 해서 이름도 '쓸털'이다. 마지막에 있는 장목비는 수수 중에서 제일 좋은 장목수수로 만들어 방에서 사용하는 고급 방비로 썼다. 수명도 제일 길다. 나머지 목탁, 늘목, 황목비는 부엌이나 마당에서 사용했다. 마당에서 사용하던 목이 긴 빗자루를 싸리비라고 하는데, 여기서 싸리는 갈대의 방언. 그러니까 갈대로 만든 것이다.

1 쓰임새가 다른 전통 빗자루와 현대인의 감각으로 재해석한 디자인 빗자루. 디자인 빗자루는 손잡이에 어여쁘게 배색한 컬러 끈을 사용했다.
2 탈색하느냐 하지 않느냐에 따라 이렇게 색이 다르다. 왼쪽이 수수를 탈색하여 만든 장목비. 공이 더 많이 들어가 탈색을 하지 않은 것보다 가격이 높다. 오른쪽의 탈색하지 않는 장목비는 끝선을 정리해 깔끔한 모양새다.
3 쓸털. 쓸고 터는 용도로 사용하였다 하여 예로부터 불린 우리식 이름이다. 나도 빗자루를 옷을 터는 용도로 사용하곤 하는데, 내가 별나게 사용한 게 아니었구나 하는 생각에 반갑다. 요즘에는 작가들이 붓으로 사용하거나, 도자기 유약을 칠하는 붓으로 많이들 구입해 간다고.

2

3

1 노는 햇빛 아까워 널어둔 이불 홑청의 먼지를 털 때도 빗자루는 요긴하다.
2 레이스 뜨기로 옷을 입혀 벽에 걸어둔 빗자루를 보면 다들 파는 거
아니냐고 빗자루 탐들을 낸다. 사람의 감성은 똑같구나, 내가 별나서 빗자루
탐을 냈던 게 아니구나 한다. 옷 털고, 이불 털고 나의 빗자루 쓰임새를
알려주고 이동균 장인의 광덕 빗자루를 소개한다.

청소기 쓰는 시대에
나는 빗자루를 사용한다

청소기 쓰는 이 시대에 나는 빗자루를 사용한다. 청소하는 데만 사용하는 게 아니라 창틀 먼지 터는 데도, 겨울 비로도 옷을 쓸어 내릴 때도 빗자루를 사용한다. 사람들은 왜 끈적끈적한 돌돌이로 쉽게 옷 먼지를 떼지 그러느냐 하는데, 모르는 말씀이다. 겨울옷에 돌돌이를 사용하면 옷이 얇아진다. 얇아진 옷은 초라해 보인다. 새옷이어도 초라해 보이니 옷 짓는 업을 하는 나는 돌돌이를 사용할 수가 없다. 나는 빗자루로 나가는 사람의 등을 쓸어주기도 한다. 하는 일 술술 풀리라는 덕담과 함께 빗자루로 등을 쓸어 내린다. 바깥 먼지 묻히고 들어오는 이에게도 빗자루로 등을 쓴다. 이때의 쓸털은 힘내라는 말 대신이다. 뜻밖의 낭만 있는 행위에 사람들은 위로받는다. 이렇게 사용하는 빗자루는 손잡이에 레이스 덮개를 씌워 현관문 앞에 걸어두었다. 이동균 장인의 광덕 빗자루 전도사를 자처하고 나선 후 어떻게 하면 전통 빗자루를 일상에 널리 쓰이게 할까 궁리하다 아이디어를 하나 냈다. 집들이용 선물, 대박 빗자루다. 예로부터 좋은 일은 축하하고 잘되라는 뜻으로 '어려움은 쓸어내고 좋은 일은 모으라' 했다. 이 의미를 담아 빗자루에 보자기를 묶어 선물했더니 다들 풍류 있는 선물에 기뻐한다. 선물 전하는 끝에 광덕 빗자루 홍보도 잊지 않는다.

청풍명월이 한눈에 내려다보이는, 정방사

제천에 들어와 알게 된 이가 "나는 여행 안 다녀요 한다." 어딜 가나 우리 동네보다 예쁘지 않으니 굳이 돌아다니지 않는다는 거다. 면장님도 스위스에 갔다 와서는 우리 동네가 좋다는 것만 다시 확인하고 왔단다. 이곳 사람들은 자기 고향 자랑이 심하구나 했다. 어느 날인가 태어나서 군대 3년 말고는 제천을 떠나본 적 없는 백운면 면장님에게 "마실 코스 하나 개발하게 좋은 곳 좀 알려줘요." 했다. 그날 그이가 데려간 곳이 금수산 정상에 있는 절, 정방사였다. 청풍호를 끼고 굽이굽이 지나 이끼 바위가 있는 산길을 마지막까지 오르니 구름 방석에 앉아 있는 듯, 아득하게 청풍호가 보인다. 구중궁궐 겹치마 잘 챙겨 입은 왕비의 치마폭처럼 산자락이 포개져 있는 청풍호의 모습을 보고 그들의 말이 과장이 아니었음을 알게 되었다. 세상 부러울 게 없는 풍경이다. 정방사는 금강산 한쪽을 떼어낸 것 같은 바위산을 병풍 삼아 암자 하나가 달랑 있다. 그 모습을 보면 천년 전 사람들은 어찌 이 바위산 꼭대기에 절 지을 생각을 했을꼬 하는 생각이 절로 난다. 감탄을 넘어 경탄이다. 바위에서 솟아나는 석간수까지 챙겨 마시고 산을 내려오는데, 마음이 씻긴 듯 올라갈 때 마음과 내려올 때 마음이 다르다. 인간이 작은 존재라는 걸 말없이 느끼고 배운 시간이었다고 할까. 아름다운 자연을 왜 지켜야 하는지 그 풍경을 보고 나면 누가 뭐라 하지 않아도 깨닫게 된다. 그날 이후로 나는 서울에서 친구들이 오면 종종 차 바구니 옆에 끼고 정방사 마실을 간다.

(왼쪽 위) 바위산을 병풍 삼아 그림처럼 앉아 있는 정방사.
(왼쪽 아래) 이 계단을 오르면 시야가 넓어지면서 청풍호가 360도로 보인다.

구름을 이불처럼 깔고 있는 청풍호를 넋 잃고 바라보다 석간수까지 챙겨 마시고 다시 되짚어 내려가는 길.

정방사에서 내려다본 청풍호.
세상 부러울 것 없는 풍경이다.

기 받으러 가는, 경은사 뒷마당

집을 나서면 가장 먼저 만나는 이웃, 수경 스님과 욕쟁이 보살님이 계신 경은사다. 경은사의 공양간을 가로질러 뒷문으로 나가면 절 뒤쪽으로 아담한 바위산이 있다. 바위 사이를 흙으로 메워 돗자리 몇 장 깔아도 될 만한 마당을 만들었는데, 재미있는 것은 바위 꼭짓점이 마당 위로 삐쭉 올라와 있다는 거다. 이 바위 꼭짓점에 올라서면 앞산 정면으로 옥쇄바위 꼭대기 탑이 보인다. 탑이 있는 그 자리가 우리나라 남북한을 합쳐 정가운데 배꼽에 해당하는 위치란다. 탑과 바위 꼭짓점을 일직선으로 그으면 뒤로는 산신각과 이어진다. 마치 좌청룡 우백호처럼 바위 꼭짓점을 기준으로 탑과 산신각이 위치해 있는 것이다. 덕분에 이 마당 위로 삐쭉 올라온 바위 꼭짓점은 명기名氣(이름이 나는 기)가 통한다고 알려져 있다. 스님이 말씀하시길 명기가 통하는 곳이라도 보통은 기가 나오면서 흩어지는데, 이곳은 산이 겹겹이 둘러쳐 있어 소용돌이를 치며 더 세지는 기라고 한다. 그래서 예로부터 팔왕지八王地, 여덟 명의 왕이 나오는 땅이라는 전설 같은 이야기가 전해 내려오고 있다나. 지인들이 놀러 오면 경은사 마실길에 기 받으라고 이 바위 꼭짓점 위에 오르게 한다. "찌릿찌릿 기가 느껴져?" 하고 물으면 "그건 모르겠고 풍경이 멋지네." 한다.

바위에 걸터앉으면 뒷배경이 바위산이다. 여기에서 얘기를 하면 왠지 무대에 오른 듯 신명이 나서 스님에게 들은 전설 같은 이야기를 오는 이들에게 하고 또 한다.

옥쇄바위 꼭대기 탑

자연이 누드일 때, 모노레일 타기

봄이 오는 무렵. 모노레일을 타고 제천 비봉산을 올랐다. 가파른 급경사를 오르는데 주변이 온통 굴참나무다. 코르크 마개나 굴피집 지붕을 만드는 굴참나무가 초록잎 하나 없이 빽빽하게 서 있는 풍경이 소나무의 아름다움과는 사뭇 다르다. 자연은 왜 이렇게 저마다 다르게 아름다운지. 어느 화가가 이렇게 아름다운 풍경을 그림으로 옮길 수 있을까. 나무가 아직 누드인 계절, 천장 뚜껑만 달린 오픈형 모노레일에 몸을 싣고 오르니 코끝이 다 쩡하다. 추운 것도 잠시. 정상에 내리는 순간 청풍호가 360도로 내려다보인다. 충주댐을 만들면서 인공적으로 조성되었다는 호수, 청풍호. 호수 뒤로 산 넘어 산이 첩첩이다. 물안개 자욱한 풍경에 선계에 온 산신령이 된 느낌. 그 신령스러움이란! 외경스럽다, 경배한다 이런 말들은 성가책에서나 보는 단어라고 생각했는데 현실에서

어쩌면 대한민국 가운데 자리한 충청도에 이런 아름다움이 있을까 외경스러웠다. 그 외경스러움은 이런 일을 할 수 있는 인간을 만들어낸 어떤 힘에 대한 외경스러움일 테다. 물안개가 자주 끼는 내륙의 바다, 청풍호. 파도도 친다고 했던가. 이날의 경험으로 제천을 찾는 이들에게는 누구에게나 꼭 한번 모노레일을 타봐야 한다며 가이드를 자청한다. 올라갈 때는 재잘재잘 수다스럽던 사람들이 내려올 때는 고요하다. 모두들 풍광에 압도된 것이다.

아무리 좋아도 여름에는 권하지 않는다. 초록일 때 가면 우거진 잡목들이 파마머리 한 아줌마들처럼 다 같아 보인다. 장중한 가을산과 겨울의 누드 설산, 설산이 깨어나는 까불까불한 봄산일 때가 좋다. 그중 제일은 자연이 누드일 때다.

PART 3

계절 있는 나라에서 계절을 느끼며 살아야지

제철 꽃놀이

습한 곳에 무리 지어 피는 물봉선화는 내게
'추억은 방울방울' 한 꽃이다. 어린 시절, 물봉선화가
피었다 하면 동네가 웅성웅성 소란소란했다.
명절 준비를 하는 여인네들의 바지런 떠는
소리인 것이다. 물봉선화가 피었다는 건 그래서
추석이 가까워졌다는 걸 의미한다.

여름날 반가운 손님 오면
생강나무잎을 후다닥 뜯어다가
앞뒤로 밀가루물 묻혀 전을 부쳐
낸다. 깻잎보다 작고 도톰한
덕분에 솜씨 없는 사람들도
예쁘게 부칠 수 있다. 맨 간으로
부쳐서 양념 간장을 찍어 먹어야
밀가루 맛을 온전히 느끼며 먹을
수 있다.

일 년 중 꽃이 제일 반가운 계절
생강나무 꽃차

잎도 없이 노란 꽃부터 피는 생강나무 꽃은 이른 봄, 꽃이 귀한 계절에 핀다. 추운데도 향이 요동을 치니 요 때는 너무 반가워 그냥 두고 볼 수가 없다. 가지치기 핑계 삼아 가지를 꺾어 집 안에 들여서 이틀을 애지중지 꽃을 보다 비들비들해지면 나무젓가락으로 따내어 차를 우린다. 맞춤하게 놀러 오는 이 있으면 이 생강나무 꽃차를 내는데 열이면 열 CF 찍는 얼굴이 돼 눈을 감고 입꼬리를 올리면서 향기에 집중하며 마시는 폼이다. 그 모습이 보기 좋아 난 이맘때가 되면 생강나무 꽃차 나눌 손님을 기다린다. 어느 해인가. 이 계절에 놀러 오신 김흥신 선생님이 꽃차를 내고 남은 가지를 보며 이렇게 말씀하셨다. "이 꽃가지는 꽃밭에 묻어줘." 시인의 언어가 얼마나 아름다웠던지 그날 그 말씀을 마음 한구석에 곱게 담아두고 꽃차 마실 때면 꺼내어 혼자 되뇐다. '이 꽃가지는 꽃밭에 묻어줘.'

꽃차는 현장감이다. 딱 그 계절 반가움과 설렘으로 마셔야 한다. 차 하는 이들은 꽃을 말려서 일 년을 두고 즐긴다지만, 임 기다리듯 일 년을 다시 기다려 반가움과 설렘에 마시는 제철 꽃차 풍류가 나는 좋다.

(왼쪽) 원래는 흰 다관에 우리는 게 정석이지만, 꽃차는 꽃을 보기 위해 투명 유리 주전자에 우린다. 뚜껑을 덮어 향기를 가둬 내야 마시는 사람이 뚜껑을 열면서 향을 음미하며 마실 수 있다. 뚜껑 없는 잔에 내면 소문난 잔치에 먹을 것 없는 것처럼 모양만 요란한 향기 없는 꽃차가 된다. 1,2 생강나무 꽃가지는 꽃과 초록이 귀한 이른 봄 찻자리에 생기를 준다.

이른 봄 감동을 주는
꽃떡

꽃샘추위에 아직도 움츠러들어 있는 이른 봄, 꽃떡을 내면 모두들 감동을 한다. 여름에는 지천으로 꽃이라 반가움이 덜하지만, 겨울 끄트머리 이른 봄에는 누구나 꽃을 기다리니 기쁨이 큰 것이다. 얼마나 꽃이 반가웠으면 이름도 강남 갔다 돌아온 제비꽃이랴. 덕분에 이 계절엔 마당의 제비꽃이 남아나지 않는다. 하루가 멀다 하고 꽃떡을 쪄대니 말이다. 꽃떡을 열심히 찌다 보면 어느새 봄이 간다. 그러곤 다시 내년 봄을 기다린다. 떡국을 먹어야 한 살을 먹듯 꽃떡을 먹어야 봄을 맞이한 기분이다. 그래서 내겐 꽃떡이 한 해의 시작이자 끝이다.

불린 쌀을 한 번 찔 분량만큼 봉지봉지 담아 냉동실에 넣어두고 손님 오면 그때그때 손님을 앞에 두고 떡을 찐다. 입으로는 수다 떨고 손으로는 떡을 찌는데, 떡 찌는 과정을 지켜본 이들은 하나같이 "떡이 이렇게 쉬운 거구나." 한다. 역시 백문이 불여일견이다. 하얀 백설기 위에 꽃수 놓듯, 꽃을 올리고 나면 마음이 순해져 내 입에 들어오기보다 남 주기 바쁘다. "어머, 예뻐라." 이 소리에 흥이 나 보자기에 싸서 그릇째 보내는데, 이렇게 집 나간 접시는 잘 돌아오질 않는다. 그렇지만 나는 어느 집에 간 그릇이 돌아오지 않았는지 다 기억한다.

꽃이 피는 봄이 오면 다들 봄꽃을 즐기느라 화전을 부치는데, 나는 꽃떡을 찐다. 하얀 백설기 위에 수놓듯 한 송이 한 송이 꽃을 붙이는 섬세한 작업이 좋아서다. 마당 한 바퀴, 뒷산을 오르내리면 봄날 산책의 수확물 제비꽃 몇 송이가 손에 들려 있다. 집에 들어서자마자 물에 담가놓아야 꽃이 팔팔하다.

후루룩 뚝딱, 제비꽃떡 찌기

충분히 불린 쌀을 소쿠리에 밭쳐서 동네 방앗간에 가져다주었다가, 일 보고 돌아오는 길에 빻아놓은 쌀가루를 찾는다.
200~300g 정도씩 한 번 먹을 분량만큼 봉지봉지 넣어 냉동실에 두고 사용한다. 충분히 불려 빻은 쌀가루라 촉촉하기 때문에 떡 찔 때 물을 따로 안 치고 그대로 사용할 수 있다.

수는 천에만 놓는 게 아니다. 봄이면 나는 떡에 꽃수를 놓는다. 하얀 백설기 위에 진달래로 수놓은 진달래꽃떡.

1 냉동실에서 꺼낸 쌀가루를 실온에 미리 꺼내두었다가 체에 내린다. 설탕을 넣고 2~3번 반복해서 체에 내려준다. 집에서 찌면 달지 않게 제 입맛에 맞춰 당도를 조절할 수 있어 좋다.
2 찜기에 젖은 면포를 깔고 쌀가루를 담는다. 떡이 한 입에 들어가도록 3cm 높이로 담는다. 알뜰 주걱으로 윗면을 평평하게 만들어준다.
3 찌기 전에 미리 칼로 쌀가루를 잘라놓는다. 이때 바닥까지 칼이 닿아야 떡이 모양 있게 잘린다.
4 뚜껑을 덮고, 끓는 물 위에 올려 15분 찐다(얇은 떡은 15분, 두꺼운 떡은 20분 찐다). 불을 끄고 5분 정도 뜸을 들인다.
5 찜기 뚜껑을 열고 찜기 위에 접시를 덮고 떡을 뒤집는다.
6 떡 모양이 흐트러지지 않게 면포를 조심스럽게 제거한다.
7 다른 접시에 모양 좋게 떡을 옮긴 뒤, 씻어서 물에 담가두었던 제비꽃을 한 송이씩 올린다. 따뜻한 떡 기운으로 꽃이 한 숨 죽는다.

그릇째 꽃떡을 싸서 주면 받은 이는 혼자 먹기 아깝다며 다른 누군가와 꼭 나눠 먹겠다 한다. 그 모습에 난 세상 사람들이 참 따뜻하구나 하고 새삼 감탄을 한다.

옛날 선비들처럼
꽃술 놀이

옛날 선비들은 꽃놀이길에 술병은 가져가도 술잔은 가져가지 않았다. 더덕꽃을 술잔으로 쓸 요량이었던 것
이다. 더덕이 있는 곳은 향기로 알았다지만, 더덕꽃을 뒤집어 술잔으로 쓸 생각은 어찌 했을까. 선비들의 지
혜를 나는 이 시대에 응용하며 산다. 마당에 심어놓은 더덕이 꽃을 피울 즈음이면 사람들은 "더덕꽃 폈어
요? 꽃술 잔치 언제 하나요?" 성화다. 더덕은 봤어도 더덕꽃은 처음 봤다며 "더덕에도 꽃이 펴요?" 했던 이
들이 지난여름의 기억을 잊지 않고 먼저 챙기는 것이다. 그 바람에 나는 또 신이 나서 꽃술 놀이를 준비한
다. 마당의 더덕꽃을 받침째 따다가 포석정처럼 유리 물잔에 띄우고 반주상을 차린다. 꽃잔은 한 잔, 두 잔
마시다 보면 잔이 흥청이니 마지막에는 꽃째 먹어야 한다. 음식 끝에 반주로 먹는 술인지라 취할 일 없지만,
꽃술잔에 따라 마시는 풍류에 꽃술 자리는 늘 도연하다.

1 더덕꽃은 꽃받침까지 있어 쥐기도
편하니 영락없는 술잔이다. "더덕에도 꽃이
있어요?" 하는 이들에게 "넝쿨꽃이고요.
뒤집으면 튼튼한 술잔으로도 쓸 수
있답니다." 알려준다.
2 술 마시는 동안 시들지 말라고 꽃잔을
물에 띄워놓는 효재식 포석정.

또 다른 꽃술 놀이 술잔, 초롱꽃

술잔으로 사용할 수 있는 꽃은 오목하게 생기고 먹을 수 있는 꽃이라야 한다. 도라지꽃은 술을 따라 마시면 꽃잎이 벌어져 술이 새고, 호박꽃은 너무 커서 매력이 없다. 실험을 거쳐 합격한 또 다른 꽃술잔은 초롱꽃. 꽃이 작아 여러 개를 담아 각 잔으로 내면 앙증맞은 술잔 사이즈에 다들 예뻐서 어쩔 줄 몰라 한다. 초롱꽃도 술잔으로 쓰다가 마지막에 술과 함께 아작아작 씹어 먹는다.

또 다른 꽃술 놀이, 석창포

선비들은 석창포를 늘 옆에 두고 살았다. 책갈피에 넣어 책장을 넘기면서 향을 즐기고, 새벽에 맺힌 이슬로 눈을 씻었으며, 짓이겨 도포 자락에 넣고 땀내를 제거했다. 또한 맑은 청주에 띄워 술 향을 돋우었으니 석창포는 선비의 향기인 것이다. 내가 석창포를 목숨 걸고 키우는 이유가 여기에 있다. 창포주는 취하라고 마시는 술이 아니라 감동을 주는 술이다. 선비의 창포 놀이에 반하지 않을 사람이 있나. 그러니까 창포주는 나에게 화투판의 비쌍피와 같다. 끝까지 가지고 있다가 마지막 순간에 내어 감동을 주는 비장의 무기인 것이다.

1 초롱꽃은 꽃이 작아 여러 개를 담아 각 잔으로 낸다.
2 겨우내 방 안에 들여놓고 애지중지 키우는 석창포 미니 조경.

나만의 제철 꽃놀이
들꽃 자수

내 집 마당에는 멋대로 날아온 꽃씨들이 왕왕 뿌리를 내린다. 어디선가 날아와 엉뚱하게 군락을 이루는 걸 보면 경이롭다. 자란 꽃의 이름을 알지 못할 때는 생김새를 보고 내 맘대로 이름을 붙인다. 그러다 어느 날 누구 집에 놀러 갔다 같은 꽃이 다른 이름으로 불리고 있는 걸 보면 놀란 토끼눈이 된다. 그러나 금세 평온을 되찾고 세상 사람들이 그렇게 부르든지 말든지 내 집에서는 여전히 내 맘대로 부른다. 마당의 초록이 누군가에게는 전부 잡풀이다. 내 눈에 영락없는 엉겅퀴도 누구 눈에는 잡풀인 경우가 있다. 때문에 잠깐 일 보러 간 사이 딴에는 잡풀 뽑아준다고 마당을 정리해놓는데, 내게는 이런 변고가 없다. 아무리 비싼 그릇이라도 깨뜨리면 쓰임새를 다해서 그래 하고 지나가지만, 뽑힌 꽃과 풀을 보면 그 계절을 못 나고 가는 게 가여워 가슴이 미어진다. 여뀌꽃도 어느 해부터인가 내 집 마당에 예고도 없이 등장한 꽃이다. 마당 한쪽에 있는가 싶었는데, 어찌나 잘 번졌는지 올해는 이 계절 마당이 여뀌투성이다. 변고 없이 무사히 계절을 맞았으니 이런 다행이 없다. 늘 그렇듯 수틀을 꺼내어 여뀌를 모델로 수를 놓았다. 나만의 제철 꽃놀이. 오돌돌하게 깨 알갱이처럼 올라와 난리를 피우는 걸 보니 이제 추석이구나 한다. 여뀌가 필 즈음이면 주위가 서늘해져 있으니 말이다.

PART 4

효재식 풍류놀이

때론 왁자하게 때론 나 홀로

인간은 죽을 때까지 꿈을 꾼다. 그래서 늘 현실이
못마땅하여 끝없이 무언가를 만들어내는 것이다.
화투를 고급하다고 생각하는 사람은 아무도 없다.
나는 그런 화투에 옷을 입히고 스토리를 입혀
우리 문화로 싸안고 싶었다. 종교는 벽이 있지만,
문화는 벽이 없다. 치마저고리가 청바지가 되고,
보자기가 종이백이 된 이 시대에 우리 것 하나는
놀이로 문화로 즐기자는 것. 굳이 의미를 붙이자면
나의 풍류놀이는 그렇게 시작되었다.

살림 장난이 문화교로 발전한
고수레 놀이

나는 산을 들고 다니는 여자다. 이유인즉 이렇다. 누가 선물이라고 조니워커 미니 네 병을 주고 갔는데 당최 마실 일이 없는 것이다. 조니워커 미니 사이즈에 맞춰 술병과 술잔도 챙겨놓고는 언제 마실 날 있겠지 하고 날을 기다렸다. 5년을 쟁여두다 어느 날 식전주로 내놓으면서 고안해낸 것이 고수레 놀이다. 그날따라 우루루 제천으로 몰려온 지인들이 서울에서 잔뜩 묻혀 온 때들을 수다로 풀어놓는데 영 마땅찮았다. 해도 그만, 안 해도 그만인 이야기들은 접고 식전주 한잔하라며 조니워커 미니를 내놓았다. 미니 석창포 화분에 돌멩이 하나를 얹어놓고는 "이게 백두산이라고 생각하세요." 했다. 소꿉놀이하듯 미니 술잔에 술을 따르고 백두산 위로 모였다. "산마다 에너지가 있어요. 바위산은 바위산대로, 흙산은 흙산대로. 그런데 그 에너지를 과학적으로 풀지 않고 우리 조상들을 낭만 있게 산신령이 있다고 믿었답니다. 산악 국가인 우리나라는 예로부터 그렇게 산신을 믿었어요. 자, 이제 이 백두산 산신께 소원을 빌어보세요. 각자 소원은 마음속으로 비시고, 입으로는 고수레~ 하시면 됩니다." 순식간에 미니 화분 위 돌멩이는 산신이 사는 백두산이 되었고, 사람들은 숙연하게 그 바위산에 소원을 빌었다. 그리고 마신 고수레 술 한 잔. 목을 타고 넘어가는 양이 아니라 입만 간질이다 마니 사람들은 재밌다며 깔깔 웃는다. 이렇게 해서 그날 나는 신화와 전설을 생활 속에 끌어들인 놀이 하나를 만들어냈다. 신화와 전설이 봉우리마다 얹혀 있는 환경이니 하나 이상할 것 없다. 앞산은 아홉 마리 학이 날아가서 구학산이요, 마을 옥쇄봉에는 금붕이라는 처녀가 과거 시험 보러 간 박달 도령을 기다리다 죽은 이야기가 전해 내려온다. 골짜기마다 봉우리마다 전설이고, 전설을 파헤치면 곧 역사가 되는 곳. 그곳에서 고수레 놀이 하나로 작은 풍류의 갑옷을 입는다.

1 석창포 화분에 올린 돌멩이 하나가 백두산도 되고, 한라산도 되고 마음속 영산이 된다. 콩알만 한 미니 잔에 마시는 위스키 한 잔은 목을 타고 넘어가 배꼽까지 찌르르한 양이 아니다. 입안에서 향기로 마시는 양이니 취할 일도 없다. 식전주로 위를 코팅한 다음 음식을 먹으면 평소 먹지 않았던 낯선 음식을 먹어도 탈이 나지 않는다.
2 조니워커 미니 사이즈에 맞춰 청설모 모양의 술병과 그 사이즈에 맞는 술잔을 세트로 챙겨놓았다.

고수레 술가방

지난해 봄, 부산시민공원에서 보자기 전시를 했
다. 주한 미군 기지였던 '캠프 하야리아'의 부지
를 반환받아 조성한 부산시민공원 오픈을 기념
하는 전시였다. 한창 전시 준비로 보자기 싸는
작업을 하다 직원 식당에서 밥을 먹었는데, 스테
인리스 급식판 풍경 속에 고수레 술가방 보따리
를 풀어놓으니 다들 깜짝 놀란다. 그날은 백두
산이 아니라, 보자기로 싼 전봇대를 성황당이라
하고 그곳에 소원을 빌었다. 콩알만 한 잔 속 술
이 넘칠까 조심스러운 걸음으로 소원을 빌고 오
는 모습을 보고, 모든 사람에게는 창조의 신이
있구나 했다. 술 한 잔 고수레 놀이에 다들 기뻐
한다. 깃털처럼 가벼운 발걸음으로 다시 일터로
돌아가는 뒷모습을 보며 더불어 기뻤다. 나도
기쁘고 너도 기쁘니 고수레 술가방이 날로 화려
해진다. 그릇 깨지지 말라고 누빔을 하고, 수를
놓고, 전용 가방까지 마련했다.

달그락달그락 작은 찻잔들은 꽃수 행주로 겹겹이 싸서
가방에 넣는다. 그래도 깨지지 말라고 누빔 가방을
만들었다. 수를 놓으면 뭐가 묻어도 타가 나지 않으니
누빔 가방에 엉겅퀴꽃을 수놓았다. 묻은 때가 지워지지
않으면 그곳에 또 다른 수를 놓으면 된다. 바구니 아래
깔아둔 매트를 앉는 자리에 펼치면 고수레 놀이가
시작된다. 찻자리에 가져가는 차바구니처럼 여행길에는
고수레 술가방을 챙긴다.

선녀의 날개옷이 이보다 예쁘랴
향 놀이

평생 갖고 싶어 하는 것 없는 남편이 유일하게 사고 싶다 말한 물건이 있다. 부여박물관에서 판매하는 백제 금동 대향로 모형이다. 국보로 지정된, 1300년 전 백제 향로를 1cm 작게 재현한 물건인데, 우리 집에는 가짜를 들여놓을 수 없다는 핑계로 사지 못하게 했다. 그날 남편은 배낭을 짊어진 채 부여박물관 백제 금동 대향로 앞에 쭈그리고 앉아 4시간 동안 향로에 관한 내용을 필사했다. 손으로 한 글자 한 글자 꼭꼭 눌러쓴 덕에 백제 대향로에 대한 이야기를 마치 이 향로를 만든 사람처럼 접신이 되어 세세하게도 한다. 대향로의 몸체는 용이 연꽃을 물고 있는 모양이고, 뚜껑은 봉래산에 앉아 있는 봉황의 형상이다. 즉 용이 입에 문 연꽃 위에 솟아난 봉래산 꼭대기에 봉황 한 마리가 날개를 활짝 편 모습인 것이다. 이 안에 도교와 불교가 다 있다며, 옮길 수조차 없는 깊고 심오한 철학들을 설명해내는 남편을 볼 때면 내가 괜히 못 사게 말렸나 싶기도 했다. 이러한 에피소드가 있는 향로인데, 어느 날 제천의 가장 가까운 이웃 경은사에 차 마시러 갔다가 창고처럼 사용하는 뒷방에서 이 향로를 발견한 것이다. 남편에게 들은 풍월로 "이 귀한 물건이 여기에 있네요." 하며 주지 스님에게 아는 척을 했다. 향로에 향 피울 일 없다며 절에서는 필요 없는 물건이니 임동창 선생 선물로 갖다 주라며 주시기에 화들짝 놀라 "네" 하고, 맘 바뀌실라 얼른 나일론 담요로 둘둘 말아 들고 왔다. 효재에 갖다 놓고 전할 날만을 꼽고 있는데, 오는 이마다 이 향로를 보고는 "티베트에 다녀오셨어요?" 한다. 향로라고 하면 어떤 이는 뚜껑 열어볼 생각은 않고 주작의 콧구멍에 향을 꽂는다. 이러한 모습을 보고 우리 문화를 좀 알려야겠다 싶어 당분간 효재에서 쓰기로 한 것이 여태 그 자리다. 남편에게 전달되지 못한 채 배달 사고 난 백제 대향로. 어슴프레한 저녁 찻자리에 향을 피우면 향 가는 길이 다 보인다. 안개 같기도 하고, 흩어지는 구름 같기도 하고, 선녀의 날개옷 같기도 하고. 비천상 승천상의 날개옷이 이보다 아름다울까. 이롭게 널리 쓰다 어느 날 물건 임자에게 잘 배달해야지.

1

1 통도사 성화 스님에게 받아 온 쪽물 들인 한지로 족자를 만들어 향 놀이 하는 데 사용할까 한다. 밤하늘 같은 쪽빛 덕분에 낮에도 향 가는 길을 즐길 수 있겠지.
2 향 놀이 하는 데 꼭 필요한 숟가락과 먼지 터는 솔. 여기에 오가며 화초 관리하는 치과용 핀셋과 소리 좋은 은방울을 두었다. 향의 재가 쌓이면 숟가락 궁둥이로 자근자근 눌러 산을 만드는데 그 모양이 꼭 용의 비늘 같아 모양 만들며 기도를 한다.

2

산신령이 된 듯
폭포 향 놀이

아끼는 나의 돌을 보고 어떤 이는 어디서 이렇게 멋진 돌을 구하느냐고 묻곤 한다. 그때마다 나의 대답은 한결같다. "간절하게 기도하면 어느 날 발등에 차이게 돼요." 폭포 향 놀이 하는 주름진 자연석도 그렇게 만난 돌이다. 주름진 자연석 하나 갖고 싶다고 노래를 불렀는데 어느 날 냇가에 갔다 발등에 차이는 게 있어 내려봤더니 인위적으로 만들려야 만들 수 없는 주름진 자연석이었다. 일생에 한 번 있는 행운이 그날 찾아온 것이다. 그 날부로 이 돌은 나의 폭포 향 놀이 하는 바위산이 되었다. 바위산 아래 마당 이끼를 덮어 계곡을 만들고, 숲을 만들어주었다. 바위산 꼭대기에 삼각뿔 모양의 향을 올리면 처음에는 다들 뭐하는 거지 하는 표정이다. 그러나 곧 연기가 아래로 빠지면서 그 모양새가 마치 바위산 폭포와도 같으니 그 진풍경에 다들 탄성을 지른다. 향 연기가 금세 사라지지 않고 바위산 아래 머물러 있으면 이곳에 이무기가 살고 있다고 허풍을 떤다. 나의 허풍에도 고개를 끄덕끄덕. 그러면 또 난 더 신이 나서 손으로 휘휘 불어 바위산 폭포에 비바람을 치며 "내가 산신령이에요." 한다. 곧 우화등선이라도 할 듯 풍류에 젖어든 향 놀이가 멋스러웠는지 모두가 감동 또 감동하니 남부러울 것 없는 향 놀이가 아닐 수 없다.

내가 향 놀이를 즐기는 이유 중 하나는 옷에 향을 입히기 위함이다. 우리나라 음식은 점점 진해진다. 미나리전에 청주로 시작해도 마지막에는 늘 찌개류다. 그래서 음식을 먹고 나면 음식 냄새가 온몸을 덮는다. 음식 냄새 달고 집으로 가지 말라고 향으로 옷을 입혀 보내는 것이다. 코스 요리 뒤에 마시는 차와 같이 마지막까지 챙기는 손님에 대한 나의 대접이다.

1

1 손님이 올 때쯤 마당 한쪽의 이끼를 걷어 바위산에 조경을 한다. 음식을 다 먹을 무렵에는 바위산에 물을 뿌려놓는다. 그래야 돌이 까맣게 되어 하얀 연기 가는 길이 더 잘 보인다.
2 폭포 향 놀이 도구들. 불을 붙이면 연기가 아래로 내려오는 '침향'과 바위산 재를 조심스럽게 털어내는 미니 빗자루, 말린 꽃을 코팅해 만든 미니 쓰레받기.

2

사철 열 손가락 붉게
봉숭아 물 들이기

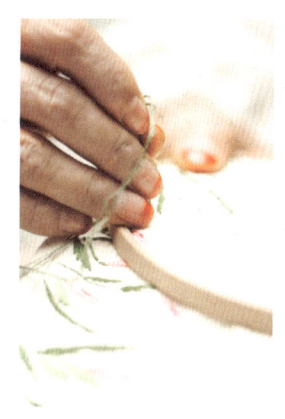

사철 손톱 끝에 봉숭아 물 들어 있으니 사람들은 궁금해한다. 겨울에 온실에서 봉숭아를 키우느냐는 둥, 어떻게 하면 이렇게 진하게 들일 수 있느냐는 둥, 매번 들이려면 귀찮지 않으냐는 둥 대략 비슷한 질문들을 한다. 답하기가 늘 번거로웠는데, 이번 기회에 나만의 방법을 공개할까 한다.

나의 사철 봉숭아 물 들이기 역사는 꽤 오래되었다. 어린 시절, 냉장고는 계를 넣어야 살 수 있는 귀한 살림이었다. 지금이야 사철 사용하지만, 그 시절 냉장고는 겨울이 되면 커버를 씌워놓고 사용하지 않았다. 유일하게 겨울에도 냉장고를 틀어놓는 곳이 있었으니, 바로 성당이었다. 그때나 지금이나 어느 집 냉동실이건 이런저런 식재료가 가득 차 있게 마련이라 뭘 하나 더 넣어놓아도 눈에 띌 일이 없다. 나는 여름 끝물 봉숭아를 따다가 성당 냉동실 구석에 몰래 끼워 넣고 다음 해 봉숭아꽃이 필 때까지 봉숭아 물을 들였다. 그때부터였으니, 봉숭아 물 들이기라면 나는 박사 학위를 받아도 된다.

여름 봉숭아는 그때그때 찧어서 사용하면 되지만, 냉동 보관하는 봉숭아는 물 많은 여름 봉숭아로는 안 된다. 추석 즈음 비들비들해진 끝물 봉숭아를 따서 채반에 널어 그늘에 살짝 말린 다음 냉동 보관해야 물이 잘 든다. 언 상태에서 절구질을 하면 찧는 것도 수월하다. 그 시절에는 잠들기 전 손톱 위에 봉숭아를 올리고 피마자잎으로 싼 뒤 무명실로 둘둘 감았더랬다. 아침이면 몇 개는 빠져버려서 이불에도 붉은 물이 들어 있기 일쑤였다. 지금은 랩이 있어서 봉숭아 물 들이기는 일도 아니다. 손톱 위에만 붉게 물들이려면 손가락에 반창고를 붙이는 게 최고다. 그러나 나는 그냥 한다. 랩으로 싼 다음 흰 장갑 끼고 온갖 일을 다 하니 봉숭아 물들이기가 내게는 번거로운 일이 아닌 것이다. 제천 가는 버스 안에서도, 집 안 대청소를 앞두고도, 마당 손질하기 전에도 손톱에 봉숭아 랩을 감는다. 많이 들면 열세 번, 바쁠 때도 다섯 번은 들이니 나의 손톱 끝 봉숭아 물은 그토록 짙은 것이다.

겨울에도 봉숭아 물 들이는 법

1 봉숭아를 비닐봉지에 얇게 펴서 넣은 후 끝에서부터 말아 올린다.
2 김밥처럼 말린 봉숭아를 그대로 냉동실에 넣어 얼려두었다가 사용할 때마다 꺼내 분량만큼 가위로 잘라낸다.
3 절구에 언 봉숭아와 명반을 넣고 찧는다. 생잎보다 언 봉숭아잎이 찧기에 더 수월하다.
4 손톱 위에 찧은 봉숭아를 올리고 랩을 감는다.

살구 정과에 잎을 달아 접시에 담아두면 다들 먹기 아깝다며 사진부터 찍는다.
살구 정과 만들기는 다음과 같다. 말린 살구를 물과 정종을 섞어 삶어 건진다.
살구가 원 상태로 퉁퉁 퍼지면 여기에 조청이나 꿀을 넣고 다시 조린다. 앞뒤로
펴서 돌돌 말아 꽃 모양으로 완성한다. 각 접시에 한 개씩 담아 차와 함께
후식용으로 내기도 하고, 아스파탐 넣지 않은 진땡이 막걸리에 한 입 안주로 내기도
한다. 달달한 맛이라 달지 않은 차나 진땡이 막걸이에 내면 맛 궁합이 좋다.

각 병에 각 술잔
정취 있는 술자리

사람들을 초대하면 더러 예상보다 일찍 오는 이들이 있다. 부엌까지 따라와서 뭐 도와줄 거 없느냐며 바쁜 사람 더 바쁘게 만들기도 하고, 음식 만들던 기름 묻은 손으로 찻상 내는 것도 번거로워 미리 술상을 차려놓는다. 각 병에 각 술잔, 예쁜 안주 한 접시. 눈으로 보는 애피타이저같이 미리 술상(어느 날은 찻상이 되기도 한다!)을 차려두면 내가 신경 쓰지 않아도 사진도 찍고 혼자 놀기를 한다. 뒤이어 손님이 오면 자연스럽게 상차림이 수다의 소재가 된다. 손님 초대할 일이 많으니 자연스럽게 생긴 노하우라고 할까. 옹기 주병과 술잔은 옹기 엑스포 전시 때 선물로 받은 것이다. 살림꾼이라고 소문나고 좋은 것이 이럴 때다. 전시를 함께한 다른 작가들도 있는데, 내가 제일 요긴하게 사용할 거라고 살림하는 데 쓰라며 전시했던 주병을 몽땅 나에게 주었다. 계 탄 듯 한꺼번에 이렇게 많은 주병이 생겼으니 신이 나서 각 병에 각 술잔, 술상을 차린다. 제천에서 가져온 진맹이 막걸리 담아 상차림을 하니 정취 물씬 풍기는 술자리가 만들어진다. 처음에는 주병이 훨씬 많았는데 두 개씩 짝지어 선물하고 나니, 사용할 만큼 남았다.

열두 달 자연을 담은 화투에 옷을 입히다
화투 담요

내가 아쉬워하는 것 중 하나가 장례 문화다. 같이 화투 치고 밤샘해주던 문화가 이제는 상주 피곤하다는 핑계로 적당히 앉아 있다가 온다. 피곤한 걸로 치면 일일이 챙겨야 할 일 많았던 옛날 상주들이 더 피곤했다. 관혼상제에서 화투놀이가 사라지다니 아쉽다. 어릴 적엔 잔칫집이나 초상집 한쪽에서 화투 치는 모습들이 그렇게 밉살스러워 보였는데, 나이가 드니 생각도 달라진다.

노름과 화투는 다르다. 화투는 놀이다. 열두 달 자연을 노래하는 화투는 서양 카드와는 비교도 할 수 없을 만큼 아름답다. 화투의 열두 달은 음력으로 따지면 절기랑 딱 맞아떨어진다. 소나무 아래 학을 그린 1월 송학, 2월 매화, 3월 벚꽃, 4월 등나무, 5월 꽃창포, 6월 꽃의 제왕 모란, 7월이면 만개하는 홍싸리, 8월 휘영청 공산명월, 9월 국화, 10월 단풍, 11월 오동, 12월 비. 화투를 늘어놓으면 열두 달 연폭 병풍이 된다. 이름도 화투, 꽃들의 싸움이라. 얼마나 풍류가 있는지. 11월 화투짝 그림이 오동나무 잎에 봉황이라고 하면 사람들은 깜짝 놀라 되묻는다. "똥이 오동나무였어요?" 하루 일과를 재수 띠기로 점치곤 하는데, 어느 날 일상에서 하찮게 여기는 화투에 옷을 입혀야겠다고 생각했다. 그래서 고안해낸 것이 화투 담요다. 재미있는 놀이로 좀 더 격 있게 즐길 수 있도록 앞뒤 배색 달리하여 모서리에는 주머니를 달았다. 화투 담요는 설핏 잠드는 오수를 즐길 때 낮잠 이불이 되기도 하고, 추운 날에는 망토로도 입을 수 있다. 여행길 차에서 무릎 덮개로 사용하다 휴게소에 내릴 때 얼른 주머니에 신용 카드 한 장 넣어서 어깨에 둘러쓰고 나가기도 한다. 십 원짜리 화투 치는 경로당 할머니들이 반가워 어깨에 둘러쓰고 있던 화투 담요를 "효도 담요예요" 하고 선물로 드리고 온 적도 여럿이니 어떤 물건이든 다 쓰기 나름이다.

1

1 목 부분에 매듭 단추를 달아 칼라가
있는 망토로도 입을 수 있다.
2 주름 넣어 복주머니 모양으로 동그랗게
만든 돈 주머니. 화투 담요로 사용할
때는 비둘기색 판으로, 망토로 입을 때는
짙은 자주색 컬러 쪽을 사용한다.

2

교교한 5월의 밤마실
길상사 연등놀이

계절의 여왕, 오월. 그중에서도 가장 아름다울 때가 사월 초파일 즈음이다. 미풍에 얼굴 솜털 밀리는 게 느껴질 정도니 바람은 간질간질하고 춘심에 마음도 간질간질하다. 이 아름다운 계절에 부처님이 오셨다. 이맘때면 앞집 길상사에도 초파일 연등이 달린다. 포크레인으로 올려 느티나무 꼭대기까지 등을 매다는데 그 풍경이 장관이다. 밤하늘 아래 하나 둘 차오른 천 개의 달을 보고 있노라면 꽃 멀미하듯, 봄밤이 아른해진다. 마음속까지 훤히 비추는 듯하니 여기가 현실 세계인가 무릉도원인가 싶다. 길상사 연등 축제가 시작되면 올해는 누구를 불러 연등놀이를 하나 궁리를 한다. 누구든 함께 길상사도 한 바퀴 돌고, 소원등도 단다. 두런두런 이야기 소리 고즈넉하게 저녁 산책을 마치고 돌아오면 얼마나 좋았던지 다들 다시 나가고 싶다며 안달이다. 이렇게 아름다운 경험을 하게 되면 결코 인생을 비뚜로 살 수 없다. 아름다운 장면을 본 사람은 누구나 저절로 아름답게 살아진다. 그래서 가능한 한 많은 이들과 이 아름다운 연등 축제를 함께한다. 음악회가 있는 초파일 당일에는 집 앞이 인산인해다. 성북동 집 마당에서 길상사를 내려다보면 그런 북새통이 없다. 덕분에 이날은 우리 집 마당 쟁탈전이 벌어진다. 효재 마당에서 느긋하게 꽃잔치, 술잔치 벌여 음악도 듣고 연등놀이를 하고 싶어 하니 매년 초파일이 되면 우리 집 마당도 봄날 연등 잔치로 와자하다.

요 시기에 봄비가 한 번 내려주면 나에게는 이런 축복이 없다. 웅성웅성하던 길상사도 관람객 발길이 뚝 끊겨 온통 내 차지가 되니 말이다. 비가 와도 등은 켜 있다. '이 전기 요금을 어떻게 하나.' 걱정도 잠시. 혼자 만끽하는 길상사 연등놀이에 앓는 소리가 절로 난다. 어느 시인의 아이디어로 시작됐다는 길상사 연등 축제는 해가 묵어 이제 전통이 되고 있다. 당대 누군가의 아이디어가 문화가 되고 전통이 되고 역사가 되었다. 한 사람의 아이디어 덕분에 이웃이 축복을 누린다.

1 7층 높이의 나무 끝에 연등을 매달기 위해 사월 초파일을 일주일 앞두고 포크레인이 동원된다. 초파일 지나서 일주일을 더 켜두니 일 년 중 딱 2주 동안만 누릴 수 있는 호사다.
2,3 마음 설레게 하는 연등의 교교한 미감이란! 경험해봐야 알게 된다.

(왼쪽) 낮에 북적대던 연등놀이 인파가 밤이 되어 모두 빠져나가고 사람이 한 명도 없을 즈음, 느린 걸음으로 나 홀로 길상사 밤마실을 나선다. 교교한 마당에 서서 저 높은 나무 끝을 가만히 올려다보면 밤하늘 가득 천 개의 연등이 흐르고 있다. 아, 풍성도 하여라. 마치 영화 '아바타'의 주인공이 된 것 같다. 제이크를 기다리는 네이티리의 설렘이 이러했을까.

놀이하듯 모으는
빨간 땡땡이

수입이 자유롭지 않았던 시절. 초이스 봉지 커피나 스누피 땅콩버터를 사려면 남대문 도깨비시장에 가야 했다. 누군가는 도깨비시장에서 구입한 미제 청바지를 지금의 샤넬처럼 입었던 그때, 나는 도깨비시장에서 한 마에 2천5백원 주고 구입한 빨간 땡땡이(물방울무늬) 원단을 가지고 양장점에서 앞치마를 맞춰 입었다. 이 빨간 땡땡이 무늬 앞치마를 입고 있으면 누구나 예쁘다고 칭찬을 하는 동시에 깜짝 놀랐다. 그때까지 앞치마를 맞춰 입는 사람을 본 적이 없었으니까. 내가 기억하는 한, 나의 빨간 땡땡이 사랑은 이때부터가 아닌가 싶다. 천지가 꾸물댈 때 빨간 땡땡이 우산을 쓰고 나가면 기분이 좋아진다. 옷이 눅눅해지고 신발 젖는 게 구저분해 비 오는 날이 싫었는데 빨간 땡땡이 비옷을 입으면서 비를 즐기게 됐다. 나의 공항 패션은 로버트 레드포드처럼 잘생긴 여행 가방에 빨간 땡땡이 잠금 벨트를 두르는 것이다. 지금이야 물건이 넘치는 시대이니 빨간 땡땡이 무늬를 한 물건들도 쉽게 눈에 띈다. 그러나 그 시절에는 외국에 나가야한두 점 발견할 수 있는 귀한 무늬였다. 그럼에도 불구하고 나는 여전히 이 무늬를 만나면 지나칠 수 없다. 나의 빨간 땡땡이 사랑을 아는 지인들은 드디어 이 문양만 보면 효재 생각 난다면 나도 한번 도전해볼까 하고 샀다가 한 번 입고 쓰고는 나에게 가져다준다. 내 생각이 나 도저히 당신들이 쓸수 없단다. 30년 전 양장점에서 맞춘 빨간 땡땡이 앞치마를 나는 아직도 가지고 있다. 주먹 하나 들어갈 정도로 헐거웠던 앞치마가 지금은 딱 맞는다는 게 다를 뿐. 세월은 흘렀지만 나의 빨간 땡땡이 사랑은 여전하다.

30년 전 양품점에서 맞춘 앞치마. 빨간 땡땡이와의 인연이 시작된 바로 그 앞치마다. 도깨비시장에서 그날 구입한 땡땡이 원단은 2가지였다. 분홍, 하양, 오렌지, 연두, 빨강 원단 중에서 연두와 빨강 두 종류를 사 와 앞치마를 맞췄더랬다. 그중 연두색은 선물로 주고, 이 빨간 땡땡이 무늬 앞치마는 지금까지 꺼내 입고 있다. 옷처럼 주름 잡아 만든 바느질이라 지금도 앞치마가 야무지다.

하도 들고 다녀서 닳을 대로 닳은 가방. 쉬 버리지 못하는 성격 때문에 지금도 비 오는 날 사용한다.

1 고장 난 여행 가방에 입술연지처럼 생명을
불어넣어준 여행 가방용 네임 태그.
2 건전지나 머리끈 등 서랍에 넣어두면
복잡해지는 물건을 넣어두면 편한 철제통.
3 손으로 페인팅한 사과 접시.
4 빨래 바구니도 빨간 땡땡이 무늬.
5 베트남에 강의하러 간 기념으로 하노이
공항에서 유일하게 쇼핑한 목베개.
6 친구가 여행길에 사다 준 장바구니.
7 벌써 몇 개째인지 기억도 가물가물한 빨간
땡땡이 우산. 잃어버리면 또 사고 또 사고 한다.
8 일부러 '깔맞춤' 하려고 한 건 아닌데, 어느
날부터인가 필통 안에 볼펜도 빨간 땡땡이.
9 내 눈에는 로버트 레드포드처럼 잘생긴
나의 여행 가방. 어느 날 손잡이가 툭
떨어졌는데, 영원히 쓸 거야 하고 빨간 보자기로
묶어서 사용하고 있다. 잠금 벨트와 네임
태그를 '깔맞춤' 하여 공항 패션 룩으로 삼고
있다.

10

11

12

13

14

15

16

17

10 친한 형님이 유니클로에서 구입했는데 내
생각 나서 못 입겠다고 준 목폴라 스웨터.
산타 할머니처럼 크리스마스날 초록 치마랑 꼭
입는다.
11 비행기 탈 때 꼭 넣어 가지고 다니는 바람
넣어서 쓰는 목베개.
12 지금 들고 다니는 가방. 구입한 매장에서
이것보다 한 사이즈 큰 게 새로 나왔다며
전화가 왔다.
13 친한 형님이 당신이 신으려고 샀다가
"효재 선생에게 바칠게요." 하면서 준 양말.
14 제천 집 신발장을 지키고 있는 빨간 땡땡이
저금통.
15 동네 꼬맹이들 주먹밥 담아주는
그라탱 그릇.
16 가방에 늘 넣고 다니는 필통.
17 보는 순간 일초의 망설임도 없이 구입한
비옷. 눈이 와도 입고 나간다. 겨울에는 바람을
막아주어 웬만한 방한복보다 낫다.

초록 마당에 루즈 바르듯, 나의 피크닉 깔개

제주도에 갔다가 유명한 찐빵집 앞에 서 있는데 길 건너편에 자투리 원단집이 보였다. 그 많은 원단 중에서 이 빨간 땡땡이 원단이 내 눈에 띄었으니 안 사고 배길 수 있나. 한 뭉치에 4만원씩 주고 원단을 끊어 와 블라우스와 원피스를 만들고 남은 자투리로 피크닉 깔개를 만들었다. 습기 올라오지 않게 먼저 비닐 돗자리를 깔고 그 위에 애지중지 빨간 땡땡이 깔개를 깔면 초록 마당이 빨간 루즈 바른 것처럼 화들짝 화사해진다. 영화 속 피크닉 깔개는 열 중 아홉은 빨간 체크무늬던데, 나는 빨간 땡땡이를 척 펼치면서 나만의 영화를 찍는다.

접시에 빨강 초록 옷 입혀
효재식 성탄 놀이

예전에는 만나면 "안녕하세요? 식사는 하셨어요?" 가 인사였는데, 언제부턴가 "땅값이 얼마가 올랐대요?" "그 정치인이 어떻다면서요?" 하고 이야기의 주제가 바뀌었다. 물론 수다 소재로 만인이 공감할 이야기가 많지는 않겠지만, 굳이 밥 먹는 자리에서까지 이런 이야기들을 올리나 싶어 잘 끼지 않게 된다. 밥상 위 주제가 정치라면 아는 사람은 알아서, 모르는 사람은 몰라서 피곤하다. 내가 나의 밥상에 공을 들이는 이유가 여기에 있다. 살림으로 놀이를 하면 밥상의 주제가 바뀌기 때문이다. 밥 한 공기를 담아내더라도 주걱으로 모양 내어 담으면 보는 순간 예쁘다며 감탄한다. 떡 한 쪽, 차 한 잔을 낼 때도 나뭇잎 한 장 깔아주면 별것 아닌데도 "어머, 예뻐서 못 먹겠어요." 하고 다들 무장 해제된다. 성탄이 되면 내가 하는 살림 놀이가 있다. 늘 사용하는 접시에 빨강, 초록 천을 씌워 성탄 분위기를 내는 것. 한복 만드는 집이라 널린 게 천이니 자투리 천 가져다 그릇에 빨강, 초록 옷을 입힌다. 가운데 놓는 과일 접시는 센터피스처럼 초록 잎을 깐 다음 눈처럼 하얗게 소금을 뿌리고 방울토마토를 올린다. 마치 눈 내린 숲 속 나무에 빨간 열매가 열린 듯 화려하니, 그날의 수다는 밥상 위 차림새에서 시작된다. 게다가 토마토는 소금에 찍어 먹을 때 맛이 극대화하니 음식 궁합에도 딱이다.

**말려둔 가을 낙엽으로
고구마 케이크**

설탕과 버터 덩어리 케이크는 입에도 대지 않으니 크리스마스 케이크도 내가 만들 수밖에. 푹 삶은 호박 고구마를 껍질 벗겨 비닐봉지에 넣고 손으로 으깨 주물주물 케이크 모양을 만든다. 빨간 낙엽을 깔고 봉지 속 케이크를 올리면 되는데, 빨랑, 노랑 컬러만으로 이미 축제 분위기. 가을 낙엽을 깨끗하게 씻어 말려두었다가 사용하기 전에 물에 불려 쓴다. 사용하고 난 다음에는 다시 깨끗이 씻어 말려두었다가 재사용한다.

곶감 트리 디저트

추석 선물로 들어오는 곶감을 냉동실에 넣어두었다가 성탄 즈음 우리 집의 시즌 한정판 디저트, 곶감 트리를 만든다. 곶감을 실온에 꺼내둬 약간 눅눅하게 녹으면 반으로 갈라 씨를 골라내고 트리를 만드는 것. 산처럼 만든 트리에 호랑가시나무나 전나무로 장식한 후 식용 금가루를 바르면 반짝반짝 크리스마스 분위기가 절로 난다.

크리스마스 찻상

세팅을 해놓으면 대화가 밥상 위 차림새에서 시작된다. 게다가 토마토는 소금에 찍어 먹을 때 맛이 극대화하니 음식 궁합에도 딱이다.

PART 5

제천 약초 날라다 만드는

약초 마당, 약초 밥상

간혹 성북동 효재에서 사용하려면 그 물건이
제천 가 있고, 제천에서 쓰려고 하면 서울 가 있곤
하지만 제 흥에 겨워 한 일이니 그 정도는 아무
일도 아니다. 그 생활도 얼추 1년이 다 되어 슬슬
매무새가 가다듬어졌다. 부지런히 날라다 심은
성북동 효재 마당은 이제 약초 향이 은은하다.
그 마당에서 나물도 말리고 약초도 말리니 성북동
집 마당이 제천 집 같다. 성북동 집 살림 날라다
꾸린 제천 집은 이제야 나의 공간 같고.

약초 향기 가득한
성북동 효재 마당

나이가 든다는 건 아마도 어릴 적 질색하던 약초 향이 좋아진다는 게 아닐까. 어릴 때는 코를 막고 구충제로 먹었던 산초를 이제는 도마 헹구는 살균제로 사용하고, 양손에 비비어 향도 즐긴다. 성북동 집에는 모두 세 곳에 산초를 심어놓았다. 현관 앞 계단 내려가기 전에 한 그루, 부엌 창가 뒤에 한 그루, 마당 성모님 옆에 한 그루. 손님 배웅 나가는 길에 현관 앞 산초잎 훑어 향을 맡게 하면 다음번에는 알아서들 산초잎을 훑어 향을 맡는다. 그 모습에 난 '인간은 학습의 동물이 분명해.' 하고 혼자 빙긋 웃는다. 덕분에 산초잎이 성할 날이 없다. 쓰임을 다하니 행복한 일이다. 이 산초 세 그루는 모두 제천에서 모셔 왔다. 마당에 심은 약초 열 중 아홉은 제천에서 온 것들이다. 상처 날라 고이고이 제천에서 모셔 온 약초들은 밤이 됐든 낮이 됐든 그날로 마당에 심고 생육 환경에 적응할 때까지 우산 받쳐 그늘을 만들어주었다. 고개를 빳빳하게 들면 그제야 안심하고 우산을 치운다. 이렇게 애지중지 돌본 약초들이 원래 있던 제 땅인 양 잘 번식하는 걸 보면 고맙다. 딸기가 올라오기 전, 빈 땅에 심은 엄나무는 나중에 보니 딸기밭 한가운데서 엉뚱하게 크고 있었다. 다른 곳으로 옮기자니 다시 적응하려면 힘들겠다 싶어 그냥 두었는데 어찌나 잘 크는지 이제는 내 키를 웃넘었다. 이렇게 잘 자란 엄나무지만 자르는 일은 없다. 닭백숙 할 때는 제천 약초 시장에서 사 온 걸 쓰지 내 집 마당 엄나무는 손도 대지 않고 국보급 보물처럼 자랑만 한다. 강아지 키우는 사람이 자기 집 강아지 자랑하는 거와 같으려나. 약초는 일단 땅에 적응하고 나면 알아서 산다. 번식도 잘한다. 두 그루 심어놓았던 차조기가 올해는 마당 곳곳을 점령했다. 공으로 기쁨을 주니 나는 또 그게 고맙다. 따로 돌보지 않고 내버려두어도 구석구석 심어놓은 약초들은 제 계절이면 정확하게 꽃을 피운다. 때론 심어놓고 잊었던 녀석이 그 계절 꽃을 피워내는 걸 보면 경악에 가까운 심정으로 바라본다. 그러곤 목이 메인다. 어찌 내게 이런 기쁨을 주는지. 나이가 들긴 들었나 보다.

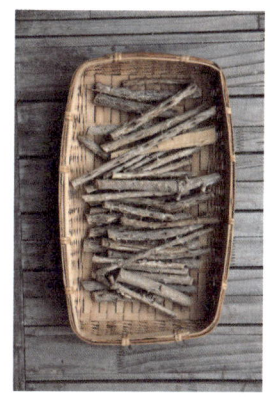

제천 약초 시장에서 사 온 엄나무.
닭백숙을 할 때는 마당 엄나무엔
손도 대지 않고 약초 시장에서 사 온
걸 사용한다. 쓰고 남은 엄나무는
채반에 다시 잘 말렸다가 보관한다.

엄나무의 어린순은 무쳐 먹고 볶아
먹는데, 우리 집 마당에 있는 엄나무는
달랑 한 그루라 먹을 양이 못 되어
자랑만 한다. 손님 오면 잎이나 한 장
따서 깔개로는 쓸까, 절대 자르는 일 없다.

산삼
우리 집 약초 보살(하도 약초에 대한
상식이 많아서 약초 보살이라고
부른다)이 심어놓은 산삼. 심어놓고
잊어버렸다가 이렇게 제때 빨간색 열매를
맺으면 여기 있구나 한다. 아까워서 먹지
못하고 빨간 열매 보면서 기만 받는다.

일단 땅에 적응하면 약초는 내버려두어도 스스로 알아서
산다. 봄이면 명이며 눈개승마, 머위꽃이 올라오고,
목단이 만개를 한다. 여름이면 초롱꽃, 더덕꽃이 방울방울
맺으며 산부추 꽃대가 올라온다. 구절초가 마당을 덮으면
가을이다. 심어놓고 잊어도 알아서 제때 꽃을 피워내는
약초 마당은 내겐 국보급 보물이다.

차조기

두 뿌리 심었을 뿐인데 스스로 씨가 번져 여름이면 마당 곳곳에서 차조기가 올라온다. 전도 부치고 샐러드에도 넣고 쌈도 싸 먹는다. 맛과 향이 여름 입맛을 돋워주는 별미.

산초

성모님 옆에 심은 산초는 소나무 아래 더부살이라 그런지 잘 크질 않는다. 부엌 앞에 심은 건 도마 살균용으로 사용하고, 계단 입구 나가는 길에 심은 건 손님들 서비스용이다. 들며 나며 산초잎 훑어 향 맡고 그 향에 손을 씻는다.

산부추

제천에서 산행길에 만난 산부추를 옮겨와 심은 것이다. 산부추꽃이 만개하면 여름 마당이 다 화사하다. 마늘 맛도 나고 부추 맛도 느껴져 매콤 쌉싸래하다.

뽕나무

심은 적 없는데 어느 날부터인가 마당 여기저기에서 자라더니 휘영청 오디를 맺는다. 동네 이름이 선잠로인 걸 보면 그 어딘가에서 여기까지 씨가 날아와 뿌리를 내렸나 보다. 잎은 나물 해 먹고 열매는 따 먹는다. 주스 만들 새도 없이 입이 새까맣게 되는 줄도 모르고 마당에 선 채 오디 따 먹는 재미가 말괄량이 삐삐가 된 것 같아 재미나다.

피마자

이제는 군락을 이루면서 올라와 먹고도 넘치는 피마자. 봄부터 여름까지 올라오는 어린잎은 따서 들기름 넣어 조물조물 무쳐 나물로 먹고, 잎이 커져 약성이 강해지면 생선이나 돼지고기를 찔 때 넣어 비린내를 없앤다.

부추

가을 마당 부추 꽃은 그 하얀색이 수수하면서 화려하다. 동그란 형태로 꽃대가 올라오다가 파바박 꽃망울을 터트리면 그 생명력에 늘 감탄을 하게 된다. 낭창낭창한 부추를 요리에 쓰려고 가위로 자를 때면 머리카락 휘어잡듯 손으로 움켜쥐고 잘라야 하는데 그 모양새가 우스꽝스럽기도 하고 미안하기도 하고 그렇다.

명이 성모상 눈개승마
잔대 산초 쪽

둥글레 살구나무
오이 차조기 뽕나무
딸기 상추 가지 부추 고추밭 감국
엄나무 산부추 피마자 우엉

비비추
작약 부채꽃
목단
잔대 산부추
둥글레

쑥부쟁이

둥글레 단풍나무 가을국화
여뀌 하수오 구절초
초롱꽃
석창포 부처손
돌단풍

구절초

명이나물 목단 도라지 감국

박주가리 병꽃나무
매발톱
방울 산삼
맥문동

제천에서 부지런히 날라다 심은 약초 마당

아직 풀이 올라오지 않은 빈 땅에도 내 눈에는 단풍나무 아래 쑥부쟁이, 담벼락 아래 비비추, 부채꽃이 훤히 보인다. 무성하게 자라 온통 초록인 여름 마당도 내 눈에는 제 이름 있는 풀꽃과 약초들이 망원경으로 확대한 것처럼 하나하나 다 보인다.

수국

연밭

자귀나무
찔레
차조기
방아
오죽
모시풀
머위
엉겅퀴 자귀나무
꽈리 블루베리
차나무 둥굴레 버드나무 더덕
뻐꾹나리 노루밤톱
땅채밀

열두달밥상 여사와
제천 약초 시장 나들이

제천에 이사 와서 처음엔 부엌도 없고 부엌 짐을 풀기도 전이라 식사가 마땅치 않았을 때 든든하게 한 끼 식사를 해결하던 곳이 집 아래 '열두달밥상' 식당이다. 아침은 제천 사과와 달걀로 때우고, 내내 일하다 허기져서 점심을 먹던 곳. 별난 식성탓에 밖의 음식 잘 먹지 않는 내가 이곳에서만은 맛있게 먹는 음식이 하얀 민들레 밥에 나물 반찬이었다. 하얀 민들레가 우리나라 토종 민들레라는 것과 봄이면 집 주변에 지천으로 핀다는 걸 그때 알았다. 덕분에 하루 종일 일하느라 꼬부라진 허리도 펼쳐 말리며 추운 겨울 동안 짐 정리를 혼자 해낼 수 있었다. 어머니가 직접 된장을 담그고, 지역 식재료들만 사용하는 걸 보면서 자연스럽게 왕래하는 사이가 되었다. 추운 곳에서 오랜 시간 일하느라 얼굴에 경련이 왔을 때 친동생인 양 청주 성모병원까지 함께 가준 이. 정다운 이웃 열두달밥상 여사는 처음 보았을 때 시골 사람 같지 않게 예뻤다. 역시나 지금 식당 자리에서 태어난 그녀는 도시에서 살다가 내려와 식당을 낸 지 이제 갓 일 년 된 도시물 흐르는 여자였다. 과수원 창고였던 자리에 어머니와 함께 식당을 내고 지역 특산물인 제천 약초를 이용한 음식으로 제천을 알리고 있다. 초등학교 동창회를 이곳 열두달밥상에서 하는데, 어릴 적 동네 친구들이 모여 도란도란 어울리는 모습을 보면 참 아름답게 나이를 먹는구나 싶어 애틋하다. 백운면 원주민 그녀 덕분에 지역 식재료며 식재료를 이용한 음식이며 지역 사람들까지 하나둘 알게 되는 기쁨이 크다. 제천 약초 시장도 열두달밥상 여사의 안내로 알게 되었다. 선물받은 건강식품은 잘 먹지 않게 되는데 모두들 한곳에 뿌리내려 30~40년씩 장사하는 모습을 보고 신뢰감이 생겼다. 덕분에 흥부네 제비가 박씨 물고 오듯 약초 보따리를 서울로 나른다. 약초는 구입한 그대로 선물하지 않고 수도꼭지 샤워기로 목욕시켜 철망 소쿠리에 바짝 말린 다음 봉지봉지 다시 담는다. 많이 줘도 귀찮은 시대, 작은 봉지로 서너 번 먹을 분량만큼 만들어 설명서와 함께 선물하면 종종 재주문(?)을 받기도 한다. 고여놓고 먹으면 냉동고에 둔 채 잊어버리고는 냉장고 청소하는 날 버리게 되니 얼른 나눠 먹고 또 사는 것이 나도 좋고 남도 좋다.

(왼쪽) 열두달밥상 여사는 약초 시장에서 구입한 약재를 음식에 활용한다. 백수오도 여기에서 구입해 먹는다기에 나도 그녀를 따라 하는 중. 자주색 양파를 동네에서 즙을 짜다가 실온에 두고 따뜻한 물로 회석하여 백수오 한 수저 넣어 아침마다 먹고 있다. 내가 열심히 먹는 이유는 탈모 때문이다. 열두달밥상 여사 왈, "언니는 끊겼던 생리를 다시 시작했다." 며 보는 이마다 백수오 예찬을 한다. 정말 좋은 약재인데, 구설에 올라 애꿎게 되었다며 애석해한다.

1 제천 약초 시장은 시내 가운데 자리 잡고 있다. 동네 이름도 그래서 중앙동. 제천 고속버스터미널 가까이에 있어 서울로 올라가는 길이나 제천 내리는 길에 들르곤 한다. 오가며 들은 풍월을 읊자면, 제천은 조선 시대부터 한약재가 유통될 정도로 한약재로 유명한 곳이었고, 지금은 교통이 좋아 영월이나 단양, 정선 등 인근 지역에서 기차 타고 버스 타고 이곳까지 장을 보러 온다. 서울 약령시장과 비교하면 규모는 크지 않지만, 최대 규모의 자생 약초를 거래하는 덕에 좋은 약재를 구하러 오는 이들로 제법 북적인다.
2 각종 약초들. 열두달밥상 여사와 내가 단골로 가는 매장은 국산만 판매한다는 자부심이 대단한 곳이다.

결명자

홍화씨

구기자

1

2

1 모두 차로 마셔도 좋고, 그 물로 밥을 해도 좋은
약재들. 보리굴비에 이 찻물을 내면 다른 반찬
없이도 밥 두 그릇을 뚝딱 해치울 수 있다. 여름
입맛 없을 때 이런 입사치가 없다.
2 한때 구설에 올라 억울하게 피해를 봤던 백수오.
이엽우피소와 백수오는 겉모습만 보면 별반 달라
보이지 않는데 맛을 보면 완전히 다르다. 백수오는
인삼 맛이 나면서 맛있는 반면, 이엽우피소는
밍밍한 맛이다. 가루의 질도 다르다. 백수오는
가루가 곱고, 이엽우피소는 모래알 같다.
3 제천 특산물 황기. 황기도 수입산이 많은데
제천 약초 시장에서는 수입산은 찾아볼 수
없다. 생산지에서는 몰매 맞을 일이라고. 왼쪽은
당년치기(시장에서는 1년산을 이렇게 말하더라),
오른쪽은 7~8년 된 대황기. 구별하는 법은 머리가
하나면 1년이다. 머리 수를 세면 몇 년 된 황기인지
알 수 있다.

3

제천 약초 시장, 단골 구매 약초들

약초 시장 단골집 영감님 왈. "골목에도 골목법이라는 게 있지 않겠습니까. 규모는 작지만 아무거나 막 갖다 팔지 않아요. 생산지에서 수입산 팔면 되겠습니까. 대신 녹각은 백프로 러시아산이에요. 왜냐. 우리에게는 말리는 기술이 없어요. 그래서 용도 우리 거는 젖은 걸 팔지요. 계피는 우리나라 게 좋아요. 베트남산, 중국산이 많은데 때깔도 다르고 우리면 맛과 향도 덜해. 감초는 요즘 우리나라에서도 많이 재배해요. 비싸서 그렇지." 가게를 찾는 모든 이에게 묻지 않아도 약재의 효능을 줄줄이 설명하고, 따지지 않아도 억울해하며 백수오와 이엽우피소를 구별하는 법에 대해 열변을 토한다. 그렇다고 또 친절한 건 아니다. 약재 자루 한 번 열어 볼라치면 어찌나 깐깐하게 구시는지. 퉁명스러운 말투로 "함부로 만지면 안 돼요. 손 타면 다른 손님들에게 미안해서 못 팔아. 살 것만 말하세요." 하신다. 건자재 관리를 위한 거니까 어쨌든 지당한 말씀.

75개의 점포가 옹기종기 모여 있는 약초 시장을 지나면 조선 시대부터 내려왔다는 약재 유통 시장이 지금까지도 변함없이 그 명맥을 이어오고 있다는 사실에 새삼 놀라게 된다. 교통이 어떻고, 산세가 어떻고 하는 분석은 학자들에게 맡기고, 나의 분석은 '자신이 나고 자란 곳에 대한 애정이 면면히 흘러 지금까지 유지되는 것이겠지.'이다. 어머니의 대를 이어 한복을 하는 나는 안다. 나를 있게 한 근본이 애정을 만들고 역사가 된다는 것을. 뿌리가 있는 그들의 삶에 깊은 신뢰감이 쌓인 덕분에 약초 시장은 제천 놀러 오는 지인들의 단골 관광 코스가 되었다.

홍화씨를 우려 만든 차. 느긋한 손짓으로 볶아 우린 홍화씨 차를 제일 먼저 시식하는 이 시간이 나는 좋다. 마침 함께 마실 이 있으면 더 좋고.

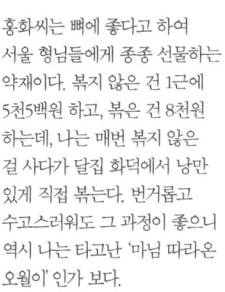

홍화씨는 뼈에 좋다고 하여 서울 형님들에게 종종 선물하는 약재이다. 볶지 않은 건 1근에 5천5백원 하고, 볶은 건 8천원 하는데, 나는 매번 볶지 않은 걸 사다가 달집 화덕에서 낭만 있게 직접 볶는다. 번거롭고 수고스러워도 그 과정이 좋으니 역시 나는 타고난 '마님 따라온 오월이' 인가 보다.

밭에 가서 직접 채취해 담그는
하얀 민들레 김치

나는 어릴 때부터 가게에 가면 "흰 우유 있어요?" 하지 않고 "하얀 우유 있어요?" 했다. 희다는 왠지 무서운데, 하얗다는 기분이 좋다. 이유는 모르겠다. 지금도 200ml 하얀 우유를 사서 팩째 데워 먹는다. 하얀 우유의 비린내가 싫어서다. 하얀 우유를 소리 내어 불렀더니, 어느 날 제천에서 하얀 민들레를 만났다. 마당 있는 집에 사는 덕에 노란 민들레는 지천이었는데, 하얀 민들레는 제천 와서 처음 보았다. 노란색은 외래종이고, 하얀색이 우리나라 토종이란다. 역시 세상의 모든 하얀 것은 예쁘다. 예전에는 봄이면 백운면이 온통 하얀 민들레였다는데 최근에는 산으로 좀 들어가야 볼 수 있다. 길이 새로 나고 하면서 하얀 민들레도 산으로 기어들어 갔나 보다. 열두달밥상에서 하얀 민들레 밥을 열두 달 내는 것이 신기해 어느 날 물어보았더니, 15분 거리에 하얀 민들레 농장이 있다는 거다. 말이 떨어지기 무섭게 가보자 했다. 비닐하우스 전체가 끝이 안 보이게 온통 하얀 민들레 밭이었다. 그 생경한 광경이 황홀하여 그날 하루는 계 탄 것처럼 내내 기뻤다. 게다가 어찌나 청결하던지, 씻지 않고 먹어도 될 정도로 청정한 환경에서 자라고 있는 걸 보니 가만히 있을 수 있나. 하얀 민들레를 뿌리째 캐 와 소 한 마리 잡아서 버리는 것 하나 없이 뼈, 꼬리까지 죄다 먹는 것처럼 꽃은 차를 만들고, 잎은 밥을 하고, 뿌리는 장아찌를 만들었다. 모양새가 어여뻐 온전하게 즐기고 싶은 마음에 하얀 민들레 김치는 꽃이 달린 그대로 뿌리째 통김치를 담가 먹을 때마다 한 잎 사이즈로 잘라서 낸다.

하얀 민들레 김치

민들레는 뿌리째 씻어서 채반에 건져놓는다.
태양초 고춧가루 1큰술, 다진 마늘 1작은술, 5년
숙성 멸치 젓갈(어간장) 1큰술, 매실액 1큰술
분량으로 양념을 만들어 민들레에 넣어 버무린다.
담가두고 먹기 직전에 잘라 먹는다.

꽃은 하얀 민들레 꽃차

꽃만 떼어내어 깨끗히 씻는다. 마지막에는 엷은
소금물로 헹궈낸 다음, 살짝 김을 쏘여 말린다.
소금물로 헹구고 김을 쏘이는 이유는 혹시 있을
지 모를 진드기를 떼어내기 위한 것. 말린 하얀
민들레차에 뜨거운 물을 부으면 쪼그라들었던
하얀 민들레가 서서히 물속에서 만개한다.

뿌리는 하얀 민들레 장아찌

산삼을 그냥 먹는 것처럼 제철 약초는 맨입에 먹는 게 제일 좋다. 하얀 민들레 뿌리는 맨입에 먹다가 그래도 남으면 끓인 간장을 식혀서 붓는다. 며칠 있다가 간장을 따라내 다시 끓여 식힌 후 부어준다. 하얀 민들레에서 수분이 나와 염도가 낮아진 걸 다시 졸여주는 것. 장아찌가 완성되면 봉지봉지 담아 오는 이, 가는 이 손에 들려준다. 남은 약초 간장에는 살짝 구워서 찢은 김과 양파를 채 썰어 넣어 김간장을 만든다. 먹을 때 청고추, 홍고추 다져 넣어서 내놓으면 장아찌만큼 간장도 인기 있다. 이 간장을 진간장이 필요한 온갖 음식에 사용한다.

사진 속 하얀 민들레 장아찌는 효소를 만들었던 민들레 찌거기를 활용한 고추장 장아찌. 하얀 민들레와 원당을 1:0.6 비율로 넣고 100일 정도 숙성시킨다. 건지를 건져서 효소는 따로 보관하고 찌꺼기는 고추장에 버무려 장아찌를 만든다.

잎은 하얀 민들레 밥

하얀 민들레의 잎 부분을 데쳐 한 번 먹을 분량만큼 덩어리지지 않도록 얇게 펴서 얼려놓는다. 그래야 쌀 씻는 동안 민들레가 녹는다. 질어지지 않도록 밥물을 적게 잡아 쌀을 밥솥에 안친다. 민들레잎을 들기름에 조물조물 무쳐서 쌀 위에 올려 밥을 하면 들기름이 밥알에 내려앉아 누룽지가 맛있어진다.

제철 채소로 먹다가 물릴 즈음 담그는
약초 장아찌

지금이야 박달재 터널이 뚫리고 제천이 실질적으로 가까운 도시가 되면서 많은 이들이 영화제며 충주호를 보러 오는 청풍명월의 도시가 됐지만, 교통이 좋아지기 전까지 제천은 오지 중에 오지였다. 덕분에 오롯이 자연이 보존될 수 있었으니, 그만큼 무공해 먹거리가 풍부하다. 전국 팔도 안 가본 곳 없이 다 가봤는데, 무슨 일인지 그동안 제천과는 인연이 없었다. 제천에 오고 나서야 우리나라에 이렇게 좋은 곳이 있다는 걸 알게 되었다. 하긴 내 발 딛고 있는 곳이 제일 좋은 법이다. 추운 겨울 제천에 들어와 봄을 나면서 제철 자연의 식재료들을 물리게 먹었다. 겨울을 나기 위해 장아찌를 담그는 게 아니라 제철 채소가 물릴 즈음 오래 두고 먹기 위해 장아찌를 담갔다. 미각 변방 제천에서 청정 자연의 맛으로 음식을 만드니 음식 솜씨 없어도 이 재료라면 누구나 달인이 될 수 있겠구나 했다. 시골살이에서 약초는 서울에서 만나는 콩나물만큼이나 흔하다. 일주일에 한 번 서는 백운면 장날에 길을 나서면 산에서 자루로 따 와 늘어놓고 파는 할머니들의 산나물과 약초를 몽땅 사온다. 무치는 법이라며 알려주시는 그 내용 그대로 메모하여 서울 지인들과 나눠 먹으니 나는 누구에게나 산타가 되었다. 달리 산타인가. 선물 나르니 산타지. 사람 손 덜 탄 천혜의 자연환경과 이웃들의 삶이 눅진히 녹아 있는 일상, 뿌리 깊은 식문화 등이 내게는 다큐멘터리만큼이나 감동이다. 제철 식재료를 맨입에 먹고, 데쳐서 먹고, 무쳐서 먹다 물릴 즈음 장아찌를 담그는 별것 없는 시골살이가 나에게는 기쁨인 것이다.

초석잠과 어수리, 삼채 뿌리는 피클처럼 간장과 설탕, 식초를 1:1:1 비율로 담가야 맛있다. 맛이 금방 들어서 열흘만 되어도 먹을 수 있다. 돼지감자와 백수오는 효소를 만들고 남은 건지를 고추장에 박아두었다가 맛이 들면 내어 먹는다.

장아찌 완자밥 있는 장아찌 송송 썰어서 밥이랑
홀홀 섞어 조물조물 완자처럼 뭉쳐 소복이 담아내면
한 입 요리가 된다. 귀한 남의 자식 우르르 내 집에
놀러 온 날 뚝딱 만들어내는 일머리 메뉴다. 여기에
담쟁이잎 하나 깔면 '폼생폼사' 파티 음식이 된다.

복령죽

소나무 뿌리에서 자라는 버섯인 복령이 불면에 좋다 하
여 가끔 잠 못 드는 밤, 복령죽 한 그릇 얼른 끓여 출출
한 속도 달래고 포만감에 잠을 청해본다. 복령죽 끓이
는 방법은 다음과 같다. 불려놓은 현미 찹쌀로 죽을 끓
인다. 죽이 다 되면 복령 가루를 넣고 다시 한 번 끓여
준다. 분량은 복령 가루:현미 찹쌀을 1:10의 비율로 잡
는다.

자투리 약재 털어서 짓는 약초밥

먹고 선물하고도 남은 자투리 약재들은 커피 블렌딩하듯 섞어서 차를 끓인다. 그냥 마시면 차, 이 물로 밥을 하면 약초밥이다. 밥이 쓰니까 다른 음식들은 확 달아진다. 음식은 역시 조화. 한복 짓는 나는 하얀 쌀밥에도 여자들 옷 갈아입히듯 옷을 갈아입힌다. 어느 날은 도라지, 단감을 넣어 밥을 하고, 고구마가 넘치게 많은 날은 고구마 밥을 한다. 하얀 쌀밥에 옷을 입히는 건 밤하늘의 별만큼 할 수 있다. 약초밥은 하얀 천에 갖은 빛깔로 물들이듯 약초물로 물들이는 것이다. 황기나 당귀, 숙지황 같은 한약재가 들어갈 때는 잣과 대추를 고명으로 얹어 달고 고소한 맛을 추가하면 약밥처럼 맛이 있다.

모양도 어여쁜 산야초 구절판

시골의 오월은 천지가 산나물이다. 온갖 오월 산나물 데쳐서 늘어놓고, 울금 가루로 전 부쳐 겨자 소스와 내면 산야초 구절판이 된다. 그때그때 재료 따라 바뀌는 산야초 구절판은 보는 것만으로 눈이 화려해 먹는 사람마다 "이게 뭐예요?" 한다. 그야말로 나물의 향연이다. 구절판으로 내는 접시는 여행길에 가지고 다니는 후식 접시다. 스물 다섯 개가 있어서 여행 가방 한쪽 귀퉁이에 손수건으로 싸서 넣고 다니다가 식당이든 휴게소든 식사 끝에 펼쳐놓고 과일 접시, 양갱 후식 접시로 쓴다.

(위 왼쪽부터)
도라지 싹, 더덕, 더덕 싹,
능이버섯, 울금전, 연근,
오가피, 삼채, 산뽕잎

오가피첫순나물

향은 오가피가 화려하다. 약성이 강해서 먹으면 입맛이 확 돈다. 강한 쓴맛 때문에 데친 후 쓴맛을 빼기 위해 물에 오랫동안 담가놓는데, 나는 그 쓴맛을 즐기느라 식히는 정도로만 물에 담갔다 꼭 짠다. 취향껏 된장, 고추장, 간장으로 간하여 무쳐 먹는다.

머위나물

머위는 꽃도 먹고 잎도 먹고 줄기도 먹는다. 꽃은 모양 살려 많이들 튀겨 먹는데, 나는 기름이 싫어 차로 마시거나 국을 끓인다. 줄기는 데쳐서 껍질을 간 다음 들기름에 들들 볶다가 들깨 국물 부어 자작하게 졸여 검은깨를 뿌린다. 이 머위나물은 와인 안주로도 좋다. 구수한 들깨와 와인이 잘 어울린다. 머위나물의 아삭거리는 소리는 또 어찌나 경쾌한지, 와인 한 모금 머위 한 입 하다 보면 금세 와인 한 잔을 비운다.

산뽕잎나물

5월이 되니 제천 집 뒷산이 온통 산뽕 산뽕 산뽕나무다. 나뭇가지를 훑으면 잎이 한 주먹 맷히니 30분만 따도 한 자루가 된다. 5월 산나물은 맨입에 먹어도 죄다 달다. 씻으면서 맨입에 먹고, 삶으면서 건져 먹다가 남은 건 묵은 된장, 참기름 한 방울 넣어서 무쳐낸다. 이렇게 먹다 먹다 또 물리면 마늘도 없이 들기름으로 볶아 된장으로 간해서 먹는다.

어수리나물

임금님 수라상에 올려졌다 하여 이름이 '어수리' 란다. 매콤하니 향긋한 맛과 향이 좋아 두세 장씩 겹쳐 쌈으로 먹다 물리면 데쳐서 나물도 무치고, 쌀 위에 살짝 얹어 어수리 나물밥도 한다. 간장 양념 함께 내면 봄날의 별미. 어수리나물은 줄기가 억세 시금치나 미나리처럼 살짝 데치지 말고 삶듯 데쳐야 한다. 줄기가 부드럽게 익을 정도로 삶은 다음 찬물에 헹구어 물기를 꼭 짜 마늘도 없이 된장, 참기름만으로 무쳐내도 맛있다.

빛깔도 찬란하여라
약초 담금주

세상에서 제일 만들기 쉬운 게 약초 담금주다. 재료에다가 담금주만
부으면 되니 말이다. 그러면 예쁜 색이 절로 우러난다. 제철에 나는 온
갖 약초를 차도 끓이고 음식을 해 먹고도 남으면 담금주 사다가 부어
놓는다. 이건 내가 먹으려고 담그는 게 아니라 남은 재료 아까워 담금
주라도 부어놓는 것이다. 오는 손님 중에 이걸 보고 입을 쩍쩍 다시는
사람 있으면 얼른 통째 안겨준다. 좋아서 강아지 새끼 안고 가듯 안고
가는 뒷모습 보면 귀한 식재료 요긴하게 썼구나 싶어 흐뭇하다.

(왼쪽부터) 마가목술, 오미자술, 옻나무술, 백수오술, 당귀꽃술

PART 6

일이 놀이가 되는

살림 풍류

살림은 '살리다' 에서 온 말이다. 곧 더불어 살기
위함이라, 살림은 나 혼자 좋자고 하는 일이 아닌
것이다. 주부가 살림을 잘하면 가족이 건강하다.
가족이 건강하면 나아가 내 이웃, 사회, 지구
전체를 살리는 일이 아니겠는가. 청소와 설거지조차
염원을 갖고 몰입하면 일종의 기도가 될 수 있다.
일에도 흥을 더하면 놀이가 되고, 멋을 더하면
풍류가 된다.

1 풀잎을 풋고추에 말아서 코르크
마개처럼 주전자 주둥이에 콕
박아놓으면 출렁거리는 물이 넘치는 걸
방지할 수 있다.
2 경은사 가는 길은 깔고 내려왔다
되짚어 올라갈 때 행군하는 기분으로
가는 노선이다. 겨울에도 땀이 나는
이 오르막길을 걸어서 다니는 사람은
나밖에 없다. 사람들은 차로 다니니
나처럼 시냇물 졸졸 흐르는 소리,
나뭇잎이 바스락거리는 소리를 들을 수
없을 테지.

아침마다 공들여 길어 오는 물
경은사 석간수

동네 사람들은 경은사를 도적암이라고 부른다. 도적들의 소굴이었다는
전설 같은 이야기가 전해 내려오고 있어서다. 도적들이 뜻한 바가 있어
절을 세워 그 절이 지금의 경은사가 됐단다. 이 경은사를 언젠가 들러야
지 하고서는 선뜻 들어가지 못하고 지나만 다녔더랬다. 어느 날 내 집처
럼 드나드는 동네 식당 '열두달밥상'에서 수다를 떨고 막 나오는데, 트
럭에서 초로의 할머니(나중에 알고 보니 경은사 공양간 일을 맡고 계신
보살님이셨다)가 '노랑꽃나물'을 내려주고 가신다. 그 가시 돋친 풀도 엉
겅퀴라는 이름이 있는데, 얘는 왜 이름도 없이 생긴 그대로 노랑꽃나물
일까 했다. 그 이름에 매달려 노랑꽃나물이 지천이라는 경은사가 궁금
해 그 길로 올라갔다. 처음 만난 주지 스님은 여기 골짜기 물이 좋아 예
전부터 피부병 있는 사람들이 병을 다스리다 갔다며 절을 소개하신다.
산세를 보니 소나무밖에 없다. 소나무 뿌리가 물의 여과지가 될 테니 내
가 봐도 당연히 물이 좋겠다 싶었다. 다음 날부터 나는 하루의 쓸 물을
애써 이곳에서 공들여 길어 온다. 물 길러 오는 길에 경은사 보살님에게
마을에 전해 내려오는 전설 같은 이야기들을 한 켜 한 켜 전해 듣게 되
었다. 봉우리마다 있었던 도적떼 이야기들을 듣고 이곳이 왜 울고 넘는
박달재인지도 알게 되었다. 보살님과는 이제 쌓인 얘기, 밀린 얘기를 포
대로 담는 사이가 되었다. 물을 길러 가는 길은 이야기 보따리 풀러, 아
니 들어주러 가는 길이다.

차를 우릴 때 손님들에게 "마을까지 내려가서 길어 온
물이에요." 하고 스토리를 얘기하면 차 한 잔에도 귀한
대접 받는다고 생각한다. 서울 올라가는 이들에게 한 병
주면서 꼭 밥맛로 쓰라고 한다. 물이 달라지면 밥맛도
달라진다. 밥맛이 꿀맛이 됐다며 호들갑스럽게 전화가
오는데, 그 경험을 한 이들은 제천 오면 꼭 경은사에 들러
그동안 모아온 생수병에 석간수를 담아 간다.

위에서 내려봐도 예쁜
뚜껑 있는 나의 밥그릇

밥을 먹다가도 생각나면 밥을 입에 물고 일을 한다. 그래서 나의 밥그릇은 모두 뚜껑이 있어야 한다. 우리 음식은 울긋불긋해서 먹다 남은 그릇이 예쁘지 않으니 잠시 떠난 밥상 자리를 누가 볼까 뚜껑을 덮어야 하는 것이다. 우주선에서 지구를 내려다보면 검은 비로드에 초록 에머랄드를 보는 것처럼 아름답다고 하는데, 나의 밥상도 우주선에서 내려다본 지구처럼 예뻐야 한다. 이러한 연유로 제천 집 짐을 꾸릴 때 나의 밥그릇을 제일 먼저 챙겨다 놓았다. 밥그릇, 반찬그릇, 국그릇 모두 뚜껑이 있는 그릇이다. 뚜껑 없는 사각 접시는 후식용 과일 접시. 여기에 비타민을 담아놓는 작은 종지까지가 세트다. 이렇게 한 상이 꾸려지기까지 얼마나 많은 그릇들이 상에 오르내렸던지. 지금의 예쁜 모습에 이르기까지는 많은 시행착오가 있었다는 이야기다. 나의 밥그릇들은 다른 그릇들과 섞이지 않도록 쟁반에 세팅하여 따로 두는데, 언제 봐도 어느 각도로 봐도 예쁘다.

1 **경은사 시주 달걀** 짚에 꿰어 온 달걀 보니 효재 선생 좋아할 거 같아 챙겨뒀다며 경은사 보살님이 주신 시주 달걀. 늘 눈을 찡끗거리며 엄청 위하시는 것처럼 이 달걀을 주신다. 놓아 기르는 닭이 낳은 달걀이라 맛이 진하고 고소하다.

2 **겨울 찻자리 꽃처럼 즐기는, 사과 학** 4등분한 사과 한쪽을 나뭇잎 썰기 한 다음 맨 윗등 나뭇잎의 끝을 세우면 학이 된다. 설명하지 않아도 찻자리에 두면 누구나 학인 줄 안다. 화투의 일월이 소나무 아래 있는 학이니, 나도 이 송학을 꽃이 귀한 계절 일월에만 풍류로 즐긴다.

3 **달디단 제철 옥수수** 옥수수는 따자마자 쪄야 맛있다. 아무것도 넣지 않고 쪄도 단맛이 난다. 맛있다고 서울로 가져가면 가는 동안 늙어 그 맛이 나지 않아 옥수수만은 서울로 나르지 않고 딴 자리에서 바로 쪄 사람들과 나눠 먹고 만다. 늘 마지막 옥수수인 것처럼 '이 맛을 기억해야 해' 하면서 앉은 자리에서 네댓 개씩 먹는다. 옥수수를 삶을 때는 겉껍질을 깔고 삶아 삶은 물까지 차로 마신다. 여자에게는 콩팥에 좋다고 하니 약이다, 약.

4 **낙엽으로 장식한 와인잔** 브랜드 로고 찍힌 사은품 와인잔에 상수리잎을 레이스처럼 장식했다. 이 나뭇잎 하나 때문에 깨져도 아깝지 않은 사은품 와인잔을 사람들은 소중하게 사용한다. 스무 명도 더 사용하고 갔는데, 얼마나 애지중지 썼는지 나뭇잎이 그대로다. 가면서 뒤돌아보고 눈길 한 번 더 주고 간다.

5 **모기 제사상** 내가 사랑하는 양은 밥상. 예전에는 오봉상이라고 불렸다. 어릴 때의 추억 때문에 우리 집에서는 귀한 대접 받는 상이다. 올여름 내내 모기 제사상으로 사용했는데, 시골의 야생 모기는 독해서 방역하듯이 모기향을 여러 개 피워놓아야 한다.

시골살이 필수품
고무신과 장화

폭우가 내리면 흙물이 들이닥쳐서 언덕배기에 있는 집 오고 가기가 힘들 때가 있다. 신발에 물이 넘치니, 이때는 장화가 필수다. 비 온 뒤 질펀한 마당 일을 할 때도 헐렁한 검정 고무신이 최고다. 시골살이 하는 나에게 장화와 고무신은 벤츠고, BMW다. 어느 날 미국 생활을 오래 한 예쁜 여인이 나의 취향 알고 그림 그려진 고무신을 한 켤레 안고 왔다. 신데렐라의 구두처럼 내 발에 딱 맞았다. 사이즈 240mm, 타이어표 검정 고무신. 그냥 신으면 뒷굽이 까져 꼭 덧버선을 신고 신는다. 이 고무신을 신고 있으면 사람들이 언뜻 보고는 내가 그린 거냐고 물어본다. 그러면 "아니요. 전주에 예쁜 걸 너무 좋아하는 박꽃같이 어여쁜 여인이 내게 선물한 거예요." 한다. 외국 생활 오래 해 옛것에 대한 향수가 많은 여인이 선물한 꽃무늬 고무신은 그렇게 나보다 손님들이 더 좋아한다. 서울 사람들의 멋쟁이 장화는 자기 발 사이즈에 맞춰 사지만, 시골살이 장화는 두 치수 크게 사서 쑥 끼고 쑥 벗을 수 있어야 한다. 흙손이라서 선 김에 쓱싹 벗어야 하기 때문이다. 그런 면에서 나의 빨간 장화는 실패한 장화다. 발 사이즈에 딱 맞춰 산 거라, 시골 생활에서 영 신을 일이 없다. 볼 때마다 속상하지만 포기도 못하고 다른 장화들과 나란히 줄 맞춰 두고 그저 교훈으로 삼고 있다.

(왼쪽) 외국 나갈 일 있으면 나에게 주는 선물로 현지에서 장화를 산다. 빨간 건 방송 촬영차 런던에 갔다가, 리본 달린 장화는 환경재단의 피스앤그린보트 행사로 일본에 갔다가, 맨 오른쪽 쑥색 장화는 전시회길 파리 시내에서 구입한 것이다. 꽃무늬 장화는 동네 양품점이 폐점한다고 싸게 팔길래 1만8천원 주고 샀다. 왼쪽부터 18만원, 1만8천원, 8만원, 18만원. 모든 물건에는 생명이 있다고 생각하는 나는 어디에서 얼마 주고 구입했는지 시시콜콜 물건의 역사를 다 기억한다. 신지 않을 때는 장화 속에 탈취제 넣어놓고 먼지 들어가지 말라고 레이스를 덮어놓는다. 형님들은 시골 놀러 왔다가 레이스 입은 나의 장화를 보고 한 말씀들 하신다. "역시 효재야."

타샤 튜더 할머니가 돌아가셨을 때 신고 있었다는 빨간 장화. 미국에 있는 지인이 두 켤레 구입해 녹색은 자신이 신고, 빨간색은 내게 보냈다. 체크무늬 장화는 마당에서 물일 할 때 필수품.

순하고 예쁜 학 같은 아이, 현아. 아들 있으면
며느리 삼고 싶었던 그 아이의 글씨다. 안산
집에서 성북동까지 열심히 지하철로 다니다
결국 힘들어서 그만뒀지만, 잊히지 말라고
붙여놓았다. 부엌일은 매일 반복되는 훈련이다.
그날이 그날 같다. 그러나 사실 경이롭고
신비로운 일이다. 경험을 통해 알게 되면
일머리가 생긴다. 부엌에서 쌓인 일머리는
다른 일에도 통한다. 하나가 통하면 다 통하니,
부엌일은 지혜가 생기고 복을 짓는 일이다.

살림에 풍류를 더하는
나무 도구들

스테인리스가 편리하고 위생적이라 좋지만, 나는 사람을 부지런하게 만드
는 나무 도구들도 좋아한다. 설거지할 때 제일 먼저 이 아이들부터 씻어
서 물이 끓고 있는 커피포트에 넣어 소독을 한다. 채반에 넣어 자연 건조
한 다음 서랍에 넣어 따로 보관한다. 물기 그대로 수저통에 세워두면 바
닥 닿는 곳이 시커멓게 변해 손님상에 낼 수가 없다. 내일 해야지 하고
게으름을 피우면 썩어 있다. 그러면 애달프다. 지나고 애달파하면 무슨
소용인가. 그래서 나무 도구를 사용하려면 부지런해야 한다. 이런 모든
과정이 번거롭고 귀찮다고 사용하지 않으면 우리는 질서와 기능과 편리
만 있는 군인과 같은 생활을 하게 될 것이다. 나무 도구를 쓰는 것은 살
림에 풍류를 더하는 일이다. 멋이 생기고 통찰력이 생기고 일머리가 생긴
다. 나는 두 개의 커피포트를 싱크대 위에 두고 쓴다. 하나는 찻물을 끓
이는 용도이고, 다른 하나는 수저 등을 삶는 용도이다. 설거지하기 전에
커피포트의 물을 끓여놓고 먼저 씻은 수저를 끓는 커피포트에 넣어놓는
다. 도마는 끓는 물 부어 살균하여 세워놓고 남은 설거지를 하면 설거지
와 동시에 삶기까지 끝낼 수 있다. 이걸 누가 가르쳐서 했겠나. 경험을 통
해서 일머리가 생긴 것이다. 불편해도 살림에 풍류를 더하면 여자는 지
혜로워진다.

마당 꽃 한 송이 꽂아서
우리 집 라면 전용 젓가락 받침

손님 많이 오는 우리 집에서는 라면 끓일 일도 많다. 석화 잔치 벌이고 굴이 남으면 굴 라면을 끓여 입가심으로 먹는다. 갑자기 들이닥친 손님들에게는 그때그때 냉장고 사정에 따라 콩나물도 넣고, 녹황색 채소도 넣는다. 이러나저러나 라면에는 라면 전용 젓가락 받침이다. 마당 꽃 한 송이 꽂아 젓가락 받쳐 내면 화들짝 반가워하면서 라면 대접에도 황홀해한다. 라면을 먹으면서 다들 꽃 이야기를 하니 라면 밥상 품새가 그럴듯하다. 이 젓가락 받침을 하도 예뻐들 하여 집들이 선물로 애용하고 있다. 젓가락 받침을 꽃수 행주에 싸서 가방에 넣고 빈손으로 온 폼으로 초대한 집에 간다. 가방에서 꽃수 행주 꺼내 펼치면 옹기종기 젓가락 받침이 여섯 개다. 네 식구인 집에도 여섯 개를 갖고 간다. 시부모님 오셨을 때 세트로 사용하라고, 또는 마땅한 선물을 준비하지 못했을 때 두 개 덜어 선물하라고 여섯 개를 싸 간다. 우리 어릴 때는 할머니가 편찮으실 때 병문안 선물로 황도 통조림이 오면 그렇게 좋아라 했다. 누군가 박카스 한 박스 들고 오면 뚜껑에 찔끔찔끔 따라 먹으면서 어른이 되면 꼭 박카스를 한 번에 두 병 먹으리라 다짐하곤 했더랬다. 선물도 그 시대 유행이라는 것이 있는데 와인이나 케이크, 꽃을 선물하는 시대에 나는 젓가락 받침을 선물한다.

가을이 되면 우리 집 차는 둥굴레차나 녹차에서 보이차로
바뀐다. 연꽃 한 송이 빠져 있는 잔에 따끈한 보이차를
따르고 단풍 든 담쟁이 한 잎을 받침으로 깔아 낸다.
사람들은 차를 마시다 찻잔 속에 빠진 연꽃을 보고 다들
신기해한다. "작가가 흙을 밥알만 하게 말아서 이쑤시개로
붙여가며 만든 잔이에요." 하고 꼭 설명을 해준다.
나의 수다가 양념이 되어 찻자리는 늘 다정하다.

그림처럼 담아내는
여름 수박

수박 먹는 즐거움 없이 여름을 보낼 수 있나. 여름이면 즐겨 먹는 수박이지만 흔한 부채꼴로 잘라 내면 베어 물 때 입가에 잔뜩 수박 물이 묻고, 먹고 난 후에는 수박 껍질이 상 위에 지저분하게 남는 게 보기 싫다. 뚝뚝 흐르는 물에 옷이 상할라 먹는 동안에도 조심스럽다. 본래 디저트는 우아하게 먹어야 하는 것 아닌가. 그래서 나는 접시에 나뭇잎 한 장 깔고 아이스크림 스쿠프와 멜론 볼러로 동그랗게 모양내어 뜬 수박을 올려 각상으로 낸다. 포크로 잘라 한 입씩 먹으면 되니 처음부터 끝까지 모양새도 예쁘고, 옷에 떨어진 수박 물 자국 비비며 나올 염려도 없다. 더 먹고 싶은 사람을 위해 수박만 따로 담은 접시도 잊지 않고 낸다. 볼러로 뜨고 남은 수박은 하얀 부분까지 박박 긁어 주스를 만들거나 화채에 활용한다. 이렇게 뻔한 도구를 창조적으로 활용하면 지루했던 집안일이 낭만적인 일이 된다.

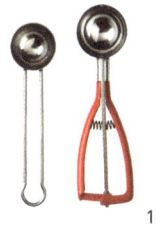

1 아이스크림 스쿠프와 멜론 볼러.
2 그림처럼 담아내는 수박 디저트. 더 먹고 싶은 사람을 위한 덜어 먹기용 수박도 잊지 않고 따로 낸다.
3 멜론 볼러로 모양낸 양념 두부. 멜론 볼러로 파낸 부분에 양념 간장을 넣으면 따로 간장 종지 없이도 낼 수 있다. 두부를 썰어 간장 종지와 내면 평범한 반찬이 되지만, 이렇게 두부 한가운데를 파고 간장을 담아내면 파티 요리가 된다.

![Kitchen sink with stones and drying glasses]

1

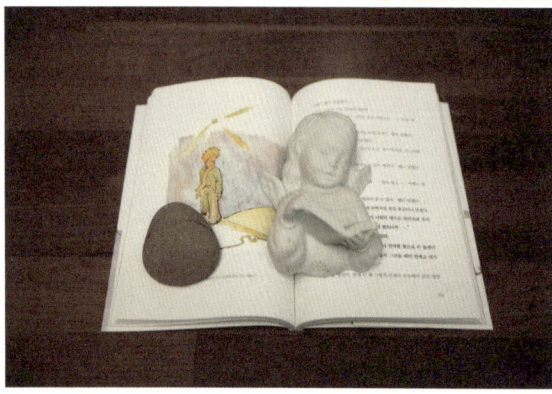

2

3

1 **개수대 앞의 돌** 눈에 띄는 돌을 하나씩 주워다가 개수대 앞에 늘어놓고 세제도 올리고
수세미도 올려두고 쓴다. 왼쪽의 돌은 도마 받침. 두부를 올리고 한쪽에 돌을 받치면
자연스레 물이 빠진다. 내가 일하는 곳에 돌이나 화분을 두면 공간이 멋스러워진다.
부엌일을 하기 전에 돌에 물을 뿌리는데, 싱그러운 느낌이 들어 기분이 좋다. 화분에
세제가 튈까 봐 수도도 살살 틀게 된다. 산더미 같은 설거지를 끝내도 곱게 일하니
앞치마가 물에 젖지 않는다.

염원하면 언젠가 만나게 된다
나의 돌 사랑

물난리, 불난리가 나도 남아 있는 건 돌이다. 지구의 나이가 45억 년이라고 한다면 돌은 적어도 1억 살은 된 아이들이다. 내 나이를 생각하며 돌의 나이를 짐작하면 머리끝이 쭈뼛해지고 마음이 찡해진다. 이 자연의 위대함이라니. 옛날에는 밭을 일구다 나오는 돌을 멀리 내다버리지 못하고 근처에 두었다. 이렇게 해서 쌓인 게 돌탑이다. 자갈밭을 하나 개간하면 탑이 하나 생겼다. 오가며 자식의 무탈과 가족의 건강을 빌며 사람들은 돌을 두었다. 돌은 그래서 예로부터 사람들의 염원을 담았다. 우리 집에서도 돌은 살림하는 나를 기도와 명상으로 이끄는 길잡이다. 설거지를 하다 책을 읽다 물을 끓이다 돌을 바라보며 기도를 한다. 나에게는 모양 남다른 돌이 두 개 있다. 하나는 첫 책에 나왔던 미인도가 들어가 있는 돌(돌의 문양이 꼭 그렇다)이고, 다른 하나는 부처가 가부좌한 돌이다. 사람들은 "어디서 이런 돌을 구하셨어요?" 하고 많이들 묻는다. "염원하면 언젠가 만나게 돼요." 하고 답한다. 나의 오랜 돌 사랑은 언젠가 또 만나게 될 돌을 기다리고 있다.

여름날 전복 넣어서 닭 한 마리 닭국을 끓이는 마당 양은솥. 바람 불면 뚜껑이 휙 날아가서 상추밭에 가 있고, 휙 날아가서 부추밭에 가 있길래 날아가지 말라고 돌멩이를 하나 올려두었다.

4

2 **책을 볼 때 사용하는 누름돌** '어린왕자' 전용 누름돌이다. 책을 읽다 잠깐 일 보러 가면서 어린왕자의 발 밑에 돌을 올려두고는 '의자를 마흔아홉 번 옮기고 기다리고 있어.' 한다. 20대 읽은 '어린왕자'와 지금 읽는 '어린왕자'는 다르다. 그때는 필독서라서 후루루룩 읽었다면, 지금은 한 페이지를 한 권의 속도로 읽는다. 여우와의 대화는 언제 봐도 시적이다.
3 **세면대 위의 돌** 작은 조약돌들은 비누 접시에 담아 사용한다. 양치질하고 마지막 헹굼 하는 소금물 항아리도 돌 위에 올려두었다. 머리끈 수납용으로 둔 와인병 덕에 낡은 세면대가 호사스러운 느낌이다.
4 **만화방 북엔드** '효재처럼 사는 법'이라는 이름으로 아침 방송을 2년 동안 한 적이 있다. 첫 방송 촬영 나갔을 때 양양 개울가에서 주워 온 아이가 바로 이 부처님이 가부좌한 돌이다. 화가 선생님에게 부처님 얼굴을 그려달라고 말씀드리니 "그냥 그대로가 좋아요." 하셔서 이렇게 만화책 방에 북엔드로 두고 오가며 기도를 한다.

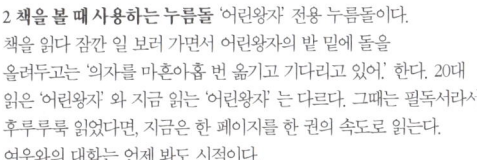

후미진 화장실 가는 길
골목 갤러리

어느 날인가. 촬영하러 왔던 잡지 기자가 나무판 하나를 놓고 갔다. 전화를 걸어 보내겠다고 하니 퀵비가 더 든다며 "그냥 마당에 불 때세요." 한다. 불 때기는 아까운 나무인지라 궁리 끝에 일정한 간격으로 구멍을 뚫고 마당 죽은 대나무를 끼워 걸개를 만들었다. 여기에 엄마와 이모가 물려준 노리개며 내가 쓰던 소품들을 걸어 화장실 가는 벽에 걸었다. 이 벽에 몇 대의 물건이 걸려 있는지. 그대로 우리 집의 역사가 있는 벽이 되었다. 나는 이곳을 '화장실 골목 갤러리'라고 부른다. 해 드는 곳에 걸면 노리개의 빛이 바랄까 이곳에 걸었는데, 예상치 못하게 후미진 복도가 제일 고급한 공간이 되었다. 아마추어가 손으로 만드는 살림은 자칫 궁상맞아 보일 수 있어 그 경계를 잘 지켜야 한다. 다행히 훌륭한 걸개로 완성되어 만족스럽다. 손으로 만든 살림이 주는 온풍이 따사롭다.

1 우리 집 꽃가위 화장 안 하는 대신 사용하는 물건에 포인트를 준다. 꽃가위의 빨간 손잡이는 그러니까 나의 빨간 루즈인 셈이다. 모든 물건에는 이렇게 집을 만들어준다. 집이 있으면 번거롭기는 하다. 그런데 나는 또 그 번거로움을 격이라고 생각한다. 영국 여왕이 왜 망토를 뒤집어쓰고 있겠나. 불편하게. 그 불편함이 격을 만들어주기 때문이다. 나의 살림은 영국 여왕 수준이다.

2 돋보기 집 나이가 든다는 건 허릿살이 생기고 팔뚝이 두꺼워지고 계단 올라갈 때 아고 소리를 내는 것. 마음이 너그러워지니 다 괜찮다. 훈장이라고 생각한다. 단 한 가지 나쁜 건 눈이 침침해진다는 것이다. 덕분에 돋보기가 열 개도 넘게 있다. 하도 돋보기 타령을 하니까 독일에 시집가서 잘 살고 있는 친구에게 그 마음이 전해졌는지 돋보기를 여럿 보냈다. 돋보기가 없으면 양미간을 찡그려야 하니, 이렇게 집을 만들어서 항상 가지고 다닌다. 양귀비 꽃 한 송이 놓아 가방에 넣고 다닌다.

....
물건마다 집이 있다

3,4 드라이어 바구니 드라이어의 줄을 감지 않으면 넌출넌출 정신 사납다. 그래서 보통은 드라이어를 보관할 때 줄을 돌돌 말아 놓는데, 나는 그게 싫어서 바구니에 푹 박아놓고 시원시원하게 사용한다. 어느 날 한 손님이 "이 집에서는 드라이어도 호강하네요." 한다. 일상에서 매일 쓰는 것이라 잊고 지냈는데, 그러고 보니 높고 길쭉한 제주도 바구니를 손님이 알아본 것이다.

수놓아 의자로 사용하는
깜짝 반전, 가전 박스

가전제품은 홀려서 샀다가 결국은 쓰던 도구를 사용하게 된다. 그래서 어느 집이든 다용도실이 물건으로 넘친다. 나의 기름 짜는 기계도 그중 하나다. 선물받은 건데 옷집이다 보니 기름 짤 일이 없다. 기름을 많이 쓰는 요리도 안 하고, 그렇다고 모셔둘 수도 없고 해서 옷을 입혀 다용도로 사용하고 있다. 직원들은 노트북도 올려서 쓰고, 의자로도 쓴다. '빨간 머리 앤'처럼 장난치느라 커버를 들추면 다들 "어머어머" 소리를 지른다. 엉겅퀴 수놓은 패브릭 의자인 줄 알았다가 가전 박스를 보고는 그 깜짝 반전에 재밌어하는 것이다. 우리 집 올해의 꽃수는 사연 많은 엉겅퀴다. 의자에도 놓고, 가방에도 놓고, 수놓을 자리마다 엉겅퀴를 놓았다. 전라도 순창 야생 차밭에 갔다가 엄청나게 억센 뿌리를 가진 엉겅퀴를 고생고생해서 캐다가 마당에 심어놓았는데, 나갔다 들어오니 효재에 새로 들어온 친구가 잡초인 줄 알고 뿌리를 뽑아 놓았다. 마음으로 엉엉 울며 한나절 나자빠져 있던 이 아이를 다시 마당에 심었다. 고개를 빳빳하게 들 때까지 어찌나 마음 졸였던지, 두고두고 수를 놓으며 마음을 달래는 것이다. 정작 엉겅퀴를 뽑은 아이는 날 정신병자 취급한다. 별걸 다 가지고 그런다고. 사람들은 나를 이상한 사람 취급할 때 꼭 이렇게 말한다. "아이를 안 낳아봐서 그래." 나는 전국을 다니며 몇 년 동안 '모셔 온 아이들인데, 그럴 때마다 속이 상한다. 수를 놓는 나의 '행위'는 이래저래 마음을 달래는 일이다.

1 꽃수 덮개 씌운 가전 박스를 쓱쓱 밀고 다니며 이 방 저 방에서 사용하고 있다. 침실 한편에 마련한 기도방에서는 기도 의자가 된다.
2 엉겅퀴 수놓은 천을 들추면 가전 박스. 안에 기름 짜는 기계며 스티로폼이 그대로 있어 의자로 사용해도 단단하다.

앉으나 서나 나의 사랑
석창포

석창포는 콩나물 다음으로 잘 큰다. 반그늘 습한 곳에서 어찌나 잘 크는지 그렇게 기특할 수가 없다. 혼전만전 잘 커주니 키우는 사람이 보람 있다. 손님 오면 석창포 낡은 잎을 흰머리 뽑듯 외과용 핀셋으로 같이 뽑아주며 수다를 떤다. 맨손 노는 게 아까워 뭐라도 해야 하는데, 먼길 갔다 와 석창포의 잎들이 노랗게 변해 있으면 마침 등장한 손님과 같이 뽑아주는 것이다. 그 손님에게는 첫 경험이라 뇌리에 강렬하게 남았는지 다음에 오면 "걔 잘 커요?" 하고 의인화하여 석창포의 안부를 묻는다. 한나절 같이 뽑고 가면 누구에게나 특별한 아이가 되어 있는 것이다. 석창포는 우리 집 겨울 실내 정원이다. 다른 건 다 밖에 내놓는데, 석창포만은 애지중지 실내에서 키운다. 오며 가며 가는 보슬비 내리듯 물을 주니 습도 때문에 실내가 촉촉하다. 입술 트는 게 다르다. 부처손도 밖에서 겨울을 나는데, 이 아이들만 편애하여 겨울에 들여놓고 손님들과 향 놀이를 즐기는 것이다. 음식 냄새 지우고 가라고 가위로 싹뚝 잘라서 손으로 비벼 향기를 맡게 한다. "옛날 선비들은 이랬어요." 하면서 말이다. 석창포 향기 맡으며 떠나는 사람들의 뒷모습엔 선비의 풍류가 흐른다.

(왼쪽) 이렇게 싱크대 개수대에 찰랑거리게 물을 받아 제천 갈 때는 성북동 집 석창포 화분을, 성북동 갈 때는 제천 집 석창포 화분을 담가놓는다. 화분이 콩알만 해서 금세 마르기 때문이다. 오자마자 "석창포 석창포" 하며 군인이 임무에 목숨 걸듯 화분부터 챙기니, 앉으나 서나 나의 사랑 석창포 생각이다.

1,2 석창포를 작은 박스에 담아 마실 갈 때 차바구니에 넣어 가면 찻자리에서 어찌나 어여쁘고 요요한지. 찻자리의 흥을 돋운다. 그래서 난 석창포를 황진이라 부른다.

코앞 마당 나갈 때도
여행용 차바구니

거실에서 마당으로 나오는 데 열 발자국이면 된다. 그래도 나는 차마실 일 있으면 여행용 차바구니 챙겨 마당으로 나온다. 다기를 쟁반에 받쳐 들고 다니면 자칫 계단에 쏠려서 왕창 깨질 수도 있으니 말이다. 내가 마당에서 절대 사용하지 않는 그릇이 와인잔이다. 하나라도 깨졌다 하면 그 마당은 유리 조각 때문에 영 못 쓰는 마당이 된다. 같은 연유로 차바구니를 꼭 싸서 들고 다니는 것이다. 이 거추장스러운 치장 때문에 차바구니를 들면 비록 열 발자국 가는 걸음인데도 여행 떠나는 기분이 든다. 그래서 내게는 강원도를 가나 마당을 가나 똑같다. 바구니 안에는 다호며 다관, 숙우 등의 다기는 물론 보온병과 찻상보까지 들어 있다. 칸막이가 있는 꽃수 놓인 정리함에 칸칸이 수납하여 바구니에 쏙 넣었다 어디서고 펼치면 찻자리가 된다. 고속도로 휴게소에서 꺼내놓고 차를 마시면 흥부가 놀부네 테이블 보듯 부러워하면서 지나간다. 호상인 집 문상 갈 때도 차바구니를 챙겨 간다. 차 한 잔 마시자고 테이블로 모여드니 문상 자리가 축제장이 된다. 여행용 차바구니가 지금은 잠깐 좋아하는 친구에게 나들이 나가 있다. 교회 주일봉사 일 년 동안 설거지만 하다가 달걀지단 부치는 곳으로 승급한 마음 고운 친구인데, 부모님이 울컥 보고 싶었는지 딸하고 성묘를 간다며 전화가 왔다. 사과랑 배를 가지고 가면 되느냐고 물길래 교회 다니는 사람이 그럴 필요 없다고, 차 한 잔 정성스럽게 올리면 된다고 성묘길에 들려 보냈다. 해서 나의 여행용 차바구니는 성묘 바구니로 잠깐 외출중이다.

다구들이 한 번에 정리되도록 바구니 사이즈에 맞춰 칸막이가 있는 사각
정리함을 만들었다. 양쪽을 손으로 집어 쏙 들어내면 즉시 찻자리가
만들어진다. 바구니 바닥에 깔아놓은 매트를 펼치면 찻상보가 되니
어딜 가나 이 바구니 하나면 푸진 찻자리가 된다. 제천 집 마당 너른
바위에서는 봄부터 가을까지 크고 작은 찻자리가 열렸다.

두 집 살림하는 내가 어딜 가나 들고 다니는
왕진 가방 살림살이

의사 선생님이 왕진 오던 시절이 있었다. 그 시대 최고의 인텔리였던 의사 선생님은 살아 있는 예수 그리스도
였다. 왕진만 왔다 가면 기적의 현장이다. 들끓던 아기의 열이 내리고 편찮으셨던 할머니가 벌떡 일어나셨다.
내게도 그 시절 의사 선생님의 왕진 가방처럼 늘 들고 다니는 가방이 있다. 맥가이버의 만능 칼 같은 가방이
다. 어딜 가나 필요한 살림살이들이 들어 있다. 차는커녕 운전도 못하는 내가 물건들을 들고 다니니 무겁지
않으냐고 묻는데, 실용성 때문에 두고 다닐 수가 없다. 가방 안 내장이 보이지 않게 가방 색과 깔맞춤으로 덮
개를 만들어 격조 있게 들고 다닌다.

여행용 연장 가방 여행용 연장 가방도 멋스러워야 한다고 생각했다. 왜냐하면 들고 다니는 물건이 바로 나이기 때문이다. 파란색 연장 가방 안에는 뒤집개 2개, 게살 파는 도구, 스푼, 도루코 칼, 집게 겸용 양념 스푼이 들어 있는 연장 싸개와 미니 도마, 와인 오프너가 들어 있다. 이 구성은 어느 날 하루아침에 된 게 아니라, 여행 다니면서 정말 필요한 것들만 고르고 골라 만들어진 구성이다. 이 연장 가방만 있으면 바닷가 갔을 때 해삼 멍게 사다가 바람 좋은 데 펼치면 카페가 되고 선술집이 된다. 목적지까지 가지 않아도 내려서 즐길 수 있다.

1 비닐 가방 길 가다 양품점에서 1만5천원 주고 구입한 베트남제 비닐 가방. 가방 컬러에 맞춰 덮개까지 만들었다. "완벽하지 않아?" 하고 자랑스레 말하는 깔맞춤 덮개이다.

2 사계절 비옷 늘 짐을 들고 다니는 나는 우산을 쓸 수가 없다. 빈손이 없으니 비옷을 입어야 한다. 빨간 땡땡이 판초는 시골살이 필수품이다. 비 올 때만 입는 게 아니라 겨울엔 바람막이 옷으로 입고 다닌다. 눈보라 칠 때 검은 옷을 입으면 위험하니 안전을 위해서도 빨간 땡땡이 비옷은 필수품인 것이다. 구름이 많아 백운면이라고 부르는 제천 집에서는 언제 비가 올지 몰라 사계절 들고 다닌다.

3 깔개와 술가방 여행길 식당에서 밥을 먹고 차 한 잔 마실 때 꺼내 쓰는 깔개. 식사 끝에 나오는 차 한 잔도 깔개 깔고 마시면 식당 주인의 보는 눈이 달라진다. 당신이 먹던 과일도 갖다 준다. 이 여자가 강적인 걸 아는 게다. 술가방은 식전 반주로 마시려고 들고 다니는 조니워커 미니의 전용 가방.

4 사계절 부채 나의 부채는 여름에 바람만 만드는 부채가 아니다. 햇볕 가리개로, 벌레 쫓을 때, 때론 깔개로 쓰니 나에게는 사계절 필수품이다.

5 중국제 거울 친구가 5천원 주고 사준 중국제 거울. 5년 됐는데 귀퉁이가 닳아서 유물이 되었다. 이걸 아직도 쓰고 있느냐고 놀라워하는 친구의 모습이 내게는 더 놀랍다. 떨어뜨려 거울이 깨졌는데 한지로 붙여서 계속 사용할 거다.

6 여행용 돋보기 손뜨개 레이스로 집을 만들어 여행용 돋보기를 들고 다닌다.

7 에어 베개 오며 가는 차 안에서 짧은 잠을 잘 때 필요한 목베개. 차에서 앉아서 자면 목에 힘이 들어가 일자 목이 되는데 목베개를 사용하면 C자 목이 된다. 평소 착착 접어서 가방에 넣고 다니다 필요할 때 바람 불어 사용하면 되니 최고.

나의 건강 비법이라면
유별난 베개 사랑

나 어릴 적 한복집을 하시던 친정엄마는 가을부터 봄까지 엄청 바빴다. 그때만 해도 한복이 일상복이던 시절이라 일이 많았다. 담임 선생님 만나러 갈 때는 금은방에 가서 금으로 약과무늬 브로치를 맞춰 한복 저고리에 달면 외출복이 되던 시절이다. 내내 바쁘다가 한가한 여름이 되면 한복 만들고 남은 자투리 천을 이용해 베개를 만들었다. 색 맞추고 귀 맞추느라 집 안에 늘어놓은 조각천이 꽃밭같이 예뻤다. 명 길어지라고 가족들의 조각 베개를 만들었는데 그 향수 때문인지 엄마에게 영향받아 내 살림에서 별나게 집착하는 것이 방앗간 가지 않고 집에서 떡을 찌는 작은 시루와 베개다. 나는 베개를 끼고 산다. 집 나갈 때는 목베개와 오수용 팔걸이 베개를 챙긴다. 남의 이야기 들어주다 설핏 자는 낮잠용 오수 베개는 승용차에서는 팔걸이 베개가 된다. 책을 읽을 때도 팔꿈치를 책상에 바로 올리지 않고 오수 베개에 올려 팔꿈치 모양이 눌리지 않게 한다. 여름에도 반팔 티셔츠 입을 일은 없지만, 나는 팔꿈치 발꿈치도 예뻐야 한다고 생각하기 때문에 보이지 않는 곳까지 돌보는 것이다. 베개는 장수를 상징하여 선물로도 애용한다. 베개 마구리에 색색의 헝겊 조각을 고깔 모양으로 접어 돌려가며 꿰매 붙여 만든 잣씨 베개는 안에 조를 넣어서 아기 선물로 준다. 목 길어지라고 주는 아기 목베개다. 지금의 젊은 엄마들은 아이 뒤통수 납작해지지 말라고 짱구 베개를 챙기는데, 예전 엄마들은 짱구 베개에 목베개까지 챙겼다. 많은 일들을 해내는데도 지치지 않고 건강한 건 친정엄마의 조각 베개 덕분이려나. 아니면 나의 유별난 베개 사랑이거나.

까무룩 낮잠 잘 때 사용하는
오수 베개. 앉아서 수다 떨 때
팔꿈치를 올려놓으면 편하다.

4

1 마구리 조각보가 둥근 건 여자 베개, 네모난 건 남자 베개다.
위에서 보면 다른 베개보다 길쭉한데, 베개가 길어야 오래 베고 잘 수 있다.
두 개씩 보자기 포장하여 선물로 주곤 하는데, "소파에 두고
허리를 받치거나 낮잠용, 팔걸이용으로 활용하세요." 한다.
2 마구리에 주름 넣어 만든 조각 베개. 나는 베개의 겉싸개를
여러 개 만들어두고 바꿔가며 사용한다.
3 승용차에서 사용하는 목베개. 뒷목에 받쳐 의자 뒤로 살짝 누우면
목이 C자 목이 된다. 차 안에서 팔걸이용으로도 사용한다.
4 일반 베개보다 낮고 길쭉하게 만들어 소파에 두고 사용하는 베개.
낮잠 베개로, 팔걸이용으로, 소파에 앉을 때 허리 받치는 용도로 두루두루 사용한다.

효재의 자연 음식

계절에 한 번 누리는 호사

PART 7

사철 구분 없이 식재료가 넘치는 시대라지만,
꼭 그 계절이 아니면 안 되는 음식들이 있다.
어느 집이나 해 먹는 음식이지만, 그 집안 고유의
내림 음식도 있다. 계절 음식을 챙기고, 어머니에게
물려받은 손맛을 지키는 것은 삶에 깊게 뿌리내린
음식을 먹는 것이다. 그것은 또한 삶의 품격을
지키는 것과도 같다.

일 년에 한 번 누리는 호사
더덕호박꽃찜

여름내 열매를 맺었던 호박은 추석이 가까워 오면 성장을 멈춘다. 이때다. 기다리고 기다리던 나의 호박 서리가 시작되는 때. 이때는 다 자란 늙은 호박과 성장 멈춘 새끼 호박이 한 덩굴에 달려 있다. 동전만 한 사이즈에 호박꽃을 이고 있는 새끼 호박의 모습은 마치 왕관 쓴 여왕 같다. 이 여왕 호박은 꽃이 달린 채로 호박잎과 함께 된장찌개를 끓이면 맛있다. 열매를 맺지 않는 수꽃은 잎을 떼고 프랑스 음식처럼 꽃찜을 만든다. 호박꽃 한쪽을 찢어서 수술을 떼고 방망이로 잘근잘근 두드린 더덕을 넣는다. 더덕에 꽃향내를 얹는 것이다. 호박꽃은 향이 없이 달착지근한 맛만 있는데, 여기에 그 어떤 간도 하지 않은 더덕을 넣으면 둘의 맛과 향이 어우러져 순한 맛의 꽃찜이 된다. 일 년에 한 번 호박이 끝물일 때 누리는 호사다. 아무리 졸라도 여름에는 만들지 않는다. 호박꽃이 호박을 맺어야 하기 때문이다. 호박이 끝물일 때는 다들 일손도 바쁘고 먹을 것도 넘쳐 끝물 호박까지 챙길 정신들이 아니다. 그래서 이때쯤이면 논두렁 밭두렁에 호박이 방치돼 있다. 야단칠 사람이 없는데도 괜히 가슴이 콩쾅콩쾅. 아이처럼 신이 나서 호박 서리를 한다. 더덕호박꽃찜은 재료가 가지고 있는 원래의 맛으로 먹는 순한 음식이다. 순한 그 맛을 놓칠세라 다들 이 음식을 먹을 때는 말없이 오로지 먹는 거에만 집중한다. 먹고 나서 하는 말. "아무것도 넣지 않았는데도 이렇게 맛있네요." 그러면 나는 "네, 이건 자연을 먹는 거예요." 여기에 청주 한 잔. 꽃이 술을 부르니 어찌 이 계절 풍류를 놓치랴.

더덕호박꽃찜은 연장 자랑하면서 만드는 요리다. 더덕을 두드릴 때 나의 방망이를 보면 다들 탐을 내서 말이다. 식재료에 따라 방망이도 구분해서 쓴다. 둥근 박달나무 방망이는 도라지나 더덕 등 채소 두드릴 때, 각진 방망이는 조기 두드릴 때 사용한다.

더덕호박꽃찜 만들기

1 더덕은 돌려 깎기를 하여 껍질을 벗겨낸다.
2 껍질을 벗겨낸 더덕을 방망이로 잘근잘근 두드려 식감을 살려준다.
3, 4 호박꽃의 한쪽을 찢어서 수술을 떼어내고 잘근잘근 두드린 더덕을 넣어 맥문동 끈으로 묶어준다. 김 오른 솥에 5분만 쪄내면 완성. 먹을 때 맥문동 끈만 뽑빼고 먹는다. 숨이 죽어 끈이 쏙 빠진다.

봄꽃으로는 떡을 찌고
가을꽃으로는 전을 부친다
가을 호박꽃전

가을 호박꽃을 누리는 또 다른 방법은 전을 부쳐 먹는 것이다. 끝물 수호박꽃을 두세 조각으로 찢으면 왕관 모양이 된다. 여기에 지나가듯 얇게 밀가루옷 입혀 전을 부친다. 첫 잎, 두 잎, 세 잎까지는 재료 맛으로 먹고 기름 맛이 느끼해질 때쯤 초간장에 찍어서 먹는다. 전은 보통 소쿠리에 담는데, 꽃전은 섬세하고 예뻐서 소쿠리가 거칠다. 외과 의사 수술하듯 섬세하게 식재료에 맞춰 김발에 올린다. 김발에서 한 김 식혀 그대로 접시에 올려 내면 예쁘다. 접시에 김발로 옷을 입히니 레이어링한 패션처럼 폼이 나는 것이다. 여름 메밀국수 낼 때도 사용하는 김발은 요긴한 살림 도구다. 여행길에서 딱히 선물로 살 만한 게 없으면 나는 그 동네 토속품점에서 김발을 산다. 여행 선물로 주면 다들 왜 김발을 줄까 깜짝 놀라는데 여름 국수 낼 때, 꽃전 낼 때 그릇처럼 사용하라고 설명해주면 그제야 "아!" 하고 고개를 끄덕이며 웃는다. 가을 호박꽃은 달착지근해서 갖은 채소 넣어 발사믹 소스 뿌려 샐러드로 먹어도 맛있다. 더덕호박꽃찜도 그렇고, 호박꽃전은 배부르려고 먹는 음식이 아니라 기분 내려고 그 계절에 한 번 먹고 다음 해를 기다리는 풍류 음식이다.

여름 호박꽃은 열매를 맺어야 하기 때문에 요리에 사용할 수 없다. 추석 즈음 호박이 성장을 멈췄을 때 요리 재료로 사용한다. 아무리 농약 농사 시대라지만 호박에까지 농약 주는 사람은 보지 못했다. 안심하고 서리!

호박꽃전 만들기

1 두세 조각으로 찢은 수호박꽃에 밀가루물을 입힌다. 이때 밀가루물은 볼에다 풀 것. 밀가루물 입힌 꽃을 벌어진 볼에다 걸쳐두어 밀가루물이 빠지도록 한다. 그래야 밀가루옷이 지나가듯 얇게 입혀진다.
2 약한 불, 적은 기름에 살짝 꽃전을 부친다.
3 김발에 호박꽃전을 올리고 김발 그대로 접시에 올려 낸다.

성북동 효재에서 길 건너편을 바라보면 길상사 담벼락을
이불처럼 덮고 있는 머루잎이 보인다. 농약 썼는지 알 길
없는 잎은 음식에 사용하지 않는다. 길상사 머루잎처럼
사정을 아는 것만 사용한다.

포도잎이 성장을 멈췄을 때
닭가슴살 포도잎쌈찜

백숙을 끓이면 꼭 퍽퍽한 닭가슴살이 남는다. 이 닭가슴살을 어떻게 하면 남김없이 맛있게 먹을까 궁리하다 만들게 된 음식이 닭가슴살 포도잎쌈찜이다. 백숙을 먹고 남은 가슴살로 요리를 만드는 릴레이 요리인데, 이름은 길지만 요리법은 간단하다. 먼저 양파를 책받침 두께로 가늘게 채 썰고 닭가슴살은 쪽쪽 찢어놓는다. 여기에 홍고추를 굵게 다져 넣고 고춧가루와 액젓으로 간을 하여 포도잎에 싼다. 참나무 꼬치를 꽂아 고정한 다음 김 오른 솥에 10분만 찌면 완성이다. 이미 한 번 익혔던 닭가슴살이라 오래 찌지 않아도 된다.

이때 사용하는 포도잎은 끝물 포도잎이어야 한다. 포도잎은 끝물이 되면 성장을 멈추고 잎이 억세진다. 이때는 보자기처럼 잎이 찢어지지 않으니 쌈으로 싸기에 안성맞춤이다. 포도잎 대신 머루잎을 사용해도 좋다. 성북동 효재 건너편 길상사 담벼락을 이불처럼 덮고 있는 머루잎이 아까워 스님께 허락받고 가으내 끝물 머루잎을 찜 만드는 데 사용했다. 아스팔트 위에서 거름도 못 되고 쓰레기가 되니 일용할 양식이 되는 편이 낫지 않았겠나.

닭가슴살은 지방이 없기 때문에 식어도 맛있다. 그래서 맥주 안주나 야외 나들이길 도시락으로 좋다. 포도잎의 은은한 향이 닭가슴살에 코팅되어 별미가 따로 없다. 미니 참나무 꼬치를 찔러놓은 그대로 가져가서 포도잎째 들고 먹으니 티슈 한 장 쓰지 않고도 식사가 끝난다. 사람들은 보자기를 싸다 싸다 이제 포도잎으로까지 싸느냐며 웃는다. 포도잎은 그냥 버리고 와도 자연에 하나 미안하지 않다. 꼬치는 늘 사람들이 가져가도 되느냐고 물어 나눠주고 만다. 그래서 올 때는 빈손으로 온다.

닭가슴살 포도잎쌈찜 만들기

1 닭가슴살과 양파, 청·홍고추, 포도잎이 재료의 전부. 양파는 꼭 있어야 하고 그 외에는 냉장고 사정에 따라 자투리 채소를 넣어도 좋다. 오늘은 마당 자소잎 몇 장을 넣었다.
2 쪽쪽 찢은 닭가슴살에 준비한 재료를 넣고 버무린 다음 끝물 머루잎 또는 포도잎에 싼다.
3 참나무 꼬치로 고정하여 김 오른 솥에 넣고 10분간 찐다.

요리랄 것도 없는데 감동은 큰
명란 보트

늦은 밤 한잔씩들 하고 거나해져서 오는 손님들은 밉살맞다. 괜히 심술이 나 허투루 술상을 내고는 그때 잘할 걸 하고 나중에 후회를 한다. 후회할 일은 하고 싶지 않아 밉살맞은 늦은 밤 술상 손님들을 위한 안주가 내게는 따로 있다. 어릴 적 아버지 상에만 올랐던 음식, 명란이다. 지금도 소고기보다 귀하니 냉동실에 얼려두고 아끼다가 요긴하게 쓴다. 술상에 올리는 명란은 요리랄 것도 없다. 먼저 명란의 배를 갈라 참기름을 듬뿍 넣고 그 위에 실파나 미나리를 송송 썰어 올린다. 미리 빼둔 예쁜 미나리 줄기로 장식을 하여 접시에 내면 요리랄 것도 없는데 술김에도 다들 "와~" 하고 감탄을 한다. 명란 위에 별별 재료를 다 얹어봤지만 미나리가 그중 제일 맛있다. 물을 기억하고 있는 미나리의 그 시원 아삭한 맛과 명란이 절묘하게 잘 어울린다. 날김에 싸 먹어도 별미다. 안주를 남기면 명란 알탕을 끓이면 된다. 남은 명란에 무와 다시마, 물만 넣고 끓이면 알탕 완성이다. 명란의 자체 간만으로도 간이 맞으니 더할 것도 뺄 것도 없다. 술을 부르는 짭조름한 맛이라 다들 꼭 한잔씩 더하게 된다.

어릴 적 아버지 밥상에만 항상 올랐던 명란. 지금도 소고기 값보다 비싸니 냉동실에 얼려두고 알뜰하게 마지막까지 먹는다. 먹고 남은 부스러기는 탕을 끓이고 죽을 만들고 찌개에 넣어 먹는다. 옛날 어머니들은 대단하다. 남은 음식 버리지 않고 부재료 하나 얹어 다른 요리를 해내셨다. 죽으로 찌개로 이어져가는 나의 릴레이 요리는 엄마의 부엌에서 자연스레 내려온 살림의 지혜다.

한 번에 손질해 두고두고 사용하는
파 한 단 활용법

보통 주부들은 파 한 단 다듬으면 진득진득 진이 나오는 초록 끝대를 버린다. 파뿌리도 쓰는 사람 반, 버리는 사람 반. 나는 파를 뿌리부터 초록 대까지 하나도 남김없이 손질해서 먹는다. 파뿌리는 식초에 담갔다가 말려서 겨울에 생강 넣고 끓여 차로 마신다. 감기에 좋다. 흰 대는 일반적으로 음식에 넣어 먹고, 초록 대는 문질러 씻어 진을 뺀 다음 물기 빼서 납작하게 봉지에 담아 냉동실에 넣어두었다 라면 끓일 때도 넣고 소고깃국이나 생선 조릴 때도 한 주먹씩 넣는다. 파를 넉넉하게 넣으면 음식에 마늘을 넣지 않아도 맛이 나니, 우리 집에서는 이 초록 대가 인기가 좋아 오래 두고 먹을 새도 없이 금세 먹는다.

파 손질하는 법

1 흙이 묻은 파의 겉껍질을 벗긴다. 파뿌리는 잘라서 깨끗하게 씻은 다음 소쿠리에 따로 말린다. 흰 대와 초록 대를 따로 잘라 분리해놓는다. 흰 대는 그대로 음식에 사용한다.
2, 3 초록 대는 빨래판(나의 경우는 수돗가 돌)에 빨래하듯이 박박 문질러 진을 남김없이 뺀다. 진을 다 빼내려면 한참을 문질러야 한다. 이렇게 진을 뺀 초록 대는 물기를 빼서 비닐봉지에 납작하게 넣어 냉동실에 보관한다.

초록 대 한 단 넣어 끓인
파나물 닭국

닭 한 마리를 삶아 쇠소쿠리에 건져내어 살을 발라내고 다시 뼈째 압력솥에 넣고 푹 끓인다. 닭이 끓는 사이 파 한 단을 다듬는다. 뿌리와 흰 대, 초록 대를 분리해 씻어놓는다. 빨래판에 박박 문질러 진을 몽땅 뺀 초록 대 한 단에 고춧가루와 송화 소금(또는 국간장이나 액젓)을 넣고 주물주물 무친다. 맑은 맛을 좋아하는 사람은 간수 뺀 유월 송화 소금을, 진한 맛을 좋아하는 사람은 국간장이나 액젓으로 간을 한다. 징그러운 육고기 식재료의 형체를 가리기 위해서 나는 고춧가루를 넣는다. 이렇게 무친 파나물을 닭국에 넣고 끓여내면 마늘 하나 까지 않고 만든 파나물 닭국 완성이다. 다들 어디서도 본 적 없는 레시피라며 맛있어, 맛있어를 연발한다. 보는 데서 요리를 하니 만드는 과정을 보고 다들 신기해한다. 갖은 양념 들어갈 거라 생각했는데 별 재료 없이도 맛이 나니 놀라워하는 것이다. 하긴 우리 집 내림 음식을 어디서 맛보았을까. 파 한 단 넣어 만든 닭국이 얼마나 맑고 시원한 맛인지 먹어본 사람만이 그 맛을 안다.

냉장고 청소용 맛국물 만들기

맛국물 내는 날은 냉장고 청소하는 날이다. 김장 고추, 북어 대가리, 다시마, 말린 홍합, 멸치 대가리(머리 떼고 똥 발라낸 몸통은 따로 쓰고 남은 멸치 대가리) 등 냉장고에 남아 있는 자투리 식재료들을 들통에 들이붓고 끓이는 것이다. 자투리 재료들이 냉장고에 쌓이면 어수선한 냉장고 속에 짜증이 나는데, 이런 재료들을 이용하면 살림이 즐거워진다. 한 번 끓이고 버리기엔 너무 아까워서 한 번 더 물을 1/2만 넣고 끓인 다음 그제야 찌꺼기를 버린다. 이렇게 만든 맛국물은 전골이나 찌개, 갈비찜 등 모든 요리를 만들 때 사용한다. 요리를 할 때는 부엌을 떠나면 안 되지만, 맛국물은 끓었는지 냄새로 알 수 있으니 손님 있는 날 수다 떨며 만들기 편하다. 손님 가시는 빈손에 한 병 들려주면 다들 좋아한다.
냄비째 붓다가 몽창 쏟을라. 국물 건짐망을 넣어 윗물을 국자로 뜨면 맑은 국물만 사용할 수 있다.

1 파 한 단의 초록 대를 모두 무쳐 닭국에 넣으면 마늘 한 조각 넣지 않아도 맛있는 닭국이 완성된다.
2 빨아서 진 뺀 초록 대 한 주먹 넣고 끓인 라면. 화학조미료 맛을 초록 파가 희석하여 라면 맛이 시원하다. 이 라면은 다들 밥까지 말아 국물까지 남김없이 먹는다.

먹다 남은 와인 처분하는 날
갈비찜

우리 집에서 갈비찜은 먹다 남은 와인 처리반이다. 남은 와인이 처치 곤란일 때 갈비를 사 와 찬물에 핏물을 뺀다. 보통 끓는 물에 데쳐내고 마는데, 그 전에 핏물 빼는 과정을 한 번 더 거쳐야 국물이 탁하지 않고 맑은 갈비찜이 된다. 집집마다 갈비찜 하는 냄비가 따로 있다. 그래서 눈대중으로 해도 언제나 같은 맛을 낸다. 나는 갈비 2kg에 50cc 계량 국자로 간장 두 국자를 넣는다. 이 계량으로 하면 언제나 같은 맛이다. 냄비에 물을 붓고 5cm 두께의 무 반토막, 양파 두 개, 청양고추 4개, 손바닥만 한 다시마, 파 한 대를 넣고 끓인다. 국물이 5cm로 졸아들면 건지는 건져내고 누리끼리한 맑은 물에 갈비와 와인을 넣고 다시 끓인다. 갈비가 쪼그라들어 아슬아슬하게 갈비뼈가 빠지겠다 싶을 때 불을 끈다. 접시에 낼 때는 갈비와 다시마, 밤톨같이 깎은 무를 국물 없이 낸다. 모양은 스테이크지만 맛은 갈비찜이다. 갈비를 건져내고 남은 국물에는 곤약도 조리고, 마늘도 한 공기 넣고 조린다. 마지막 찌꺼기에는 꽈리고추와 메추리알 넣어 꼬리에 꼬리를 무는 릴레이 반찬을 만드는 것이다. 식재료 따라 다 다른 맛이 나니 갈비와 한 상에 내도 모두 맛있게 먹는다. 누구는 마늘조림이 제일 맛있다 하고, 누구는 곤약이 맛있다고 한다. 우리 집에서는 마늘을 양념으로 쓰지 않고 이렇게 일품요리에 쓰는데, 맛있다며 수저로 퍼먹으니 어쩔 때는 밉살맞다. 속으로 '다른 사람도 먹게 좀 두지.' 한다. 갈비찜 만드는 날은 덕분에 릴레이 반찬까지 한 상 가득 푸짐하니 놀부네 밥상 부럽지 않다.

1 먹다 남은 와인 넣고 만드는 갈비찜은 알코올은 날아가고 포도의 진한 향만 남아 맛이 한 겹 더 있는 풍미 있는 맛이다. 효재 식구들은 갈비를 고봉밥만큼 잔뜩 먹고는 늘 "우리 갈비집 하면 안 돼요?" 한다. 그래서 다른 고기 요리보다 고기 양을 5배는 많이 해야 한다.
2 갈비뼈가 아슬아슬하게 뽕 빠지겠다 싶을 때까지 조린다.

마늘 대신 마늘종 넣어 만드는
고등어찜

부엌에서 제일 번거로운 일이 마늘 까는 일이다. 오죽하면 마늘 까는 별별 도구와 방법들이 있을까. 마늘 까는 장갑을 보면 주부들 마음 다 같구나 싶어 웃음이 난다. 생선 요리 할 때는 비린내 잡느라 마늘이 기본이다. 그러나 나는 마늘 없이 생선 요리를 한다. 마늘 까기도 귀찮고, 생선 만지기도 싫다는 이들을 위해 마늘 없이 만드는 우리 집 고등어찜을 소개한다. 요즘에는 생고등어를 사면 내장 발라내고 먹기 좋은 크기로 토막 쳐서 비닐봉지에 담아주는데, 어찌나 깔끔한지 따로 씻지 않아도 될 정도다. 이렇게 사 온 생고등어를 묵은 김치로 치마폭에 감싸듯 돌돌돌 말아놓는다. 한편에서는 싱크대 위에 빨래판을 걸쳐놓고 마늘종을 물기 없이 굵은소금 한 주먹으로 비빈다. 마늘종의 껍질이 벗겨지고 간이 배면서 진초록이 된다. 후들후들해진 마늘종을 다섯 줄기씩 묶어 채반에 한 시간쯤 넣어두면 수분이 날아가 꾸들꾸들해진다. 냄비에 김치 말아놓은 고등어와 꾸들꾸들해진 마늘종을 넣고 맛국물 부어 자박자박해질 때까지 조리면 고등어 비린내는 온데간데없이 김치 조림 향 가득한 고등어찜이 완성된다. 프랑스 요리처럼 국물 없이 접시에 담아내면 다들 이게 뭐냐며 처음 보는 요리에 신기해한다. 그러고선 질깃한 마늘종 식감이 좋다며 맛있게 먹는다.

마늘종 비빔은 우리 집 내림 음식이다. 어릴 적 엄마가 마늘종 좀 소금에 비비라고 하면 그렇게 싫어했는데, 그 싫어하던 일을 이제는 기꺼이 하고 있다. 우리 집은 마늘종 비빔과 밤버섯 염장한 것을 한 독씩 만들어두었다가 감자에 밤버섯, 마늘종 넣어 만든 조림 음식으로 겨울을 났다. 어느 해던가. 연애 대장 친구가 실연 당해 우리 집에 와서 누워 있다가 이 감자조림을 먹고 힘 나서 갔던 적이 있다. 내내 누워 있다가 마늘종 넣어 만든 감자조림 세 대접을 먹고 집에 간 그 친구를 보고 마늘종의 위력을 그제야 깨달았더랬다. 마늘종을 넣으면 모든 음식에 마늘을 넣지 않아도 된다. 그냥 넣으면 껍질이 입에 껌처럼 남으니, 꼭 소금에 비벼서 껍질을 다 벗긴 다음에 넣어야 한다. 이제는 사철 나오는 마늘종이지만 만드는 김에 한 독 만들어두면 김장 김치처럼 든든하다.

1 마늘종 비빔은 유구한 세월 동안 내려온 우리 집 내림 음식이다. 싱크대에 빨래판을 걸쳐두고 굵은소금 한 주먹으로 비비면서 껍질을 간다. 다섯 줄기씩 묶으면 예쁜 리본 모양이 되는데, 손님상에 내는 요리에는 가위로 한 번 더 손질한다. 잘라낸 자투리 마늘종은 다른 음식에 사용하니 버릴 일 없다.
2 냄비 가운데에 김치 말은 고등어를 일자로 담고, 양쪽으로 마늘종을 리본 달듯 깔아주면서 나의 요리는 만드는 과정도 예쁘다며 자화자찬한다.

함께 만들면서 먹는 축제 같은 요리
겨울 굴전골

사계절이 있는 나라에서 사는 우리들의 인체는 참 신기롭다. 사계절을 다 적응하다니 산삼 같은 인체를 타고났다. 그래서 나는 더욱 사계절을 온몸으로 느끼며 살아야 한다고 생각한다. 철마다 나는 식재료를 제철에 즐기는 것만으로도 누구나 충분히 호사스럽게 살 수 있다는 게 나의 지론이다. 겨울에는 역시 굴이다. 겨울 굴은 그대로 먹어도 맛있지만, 밀가루와 달걀물을 얇게 입혀 굴전을 부친다. 굴전 역시 그대로 먹어도 맛있지만, 겨울 낭만 즐기려고 여럿이 둘러앉아 보글보글 전골을 끓인다. 전골 냄비에 전 부치고 남은 찢어진 굴과 무, 다시마를 깔고 그 위에 손가락 두 마디 길이로 썬 우엉과 미나리, 굴전을 가지런히 돌려 담는다. 가운데에는 깍둑썰기 한 두부를 올린다. 끓는 음식에 두부를 크게 썰어 넣으면 십중팔구 입천장을 데니 깍둑썰기를 하는 것이다. 김장에 쓰고 남은 마른 고추가 있으면 액세서리처럼 올리고 맛국물을 부어 끓인다. 보글보글 끓으면 소금이나 간장으로 간하지 않고 식재료의 제 간으로 먹는다. 굴의 짠맛이 국물에 배어 따로 간하지 않아도 간이 적당하다. 여럿이 전을 부치고 재료를 손질하고 함께 끓여서 먹으니 전골 끓이는 날은 김장하는 날처럼 축제 같다. 남은 굴은 얇게 펴서 냉동 보관해두었다가 굴죽, 굴라면, 굴밥, 굴무침을 해 먹는다. 그래서 나는 신선한 굴을 만나면 먹을 양만큼 사지 않고 박스로 사서 두고두고 오만 요리를 해 먹는다. 굴을 해동할 때는 실온이 아니라 꼭 냉장에서 해야 한다. 오늘 저녁 먹으려면 점심때쯤 냉동실에서 냉장실로 옮겨둔다.

굴전 얇게 부치는 법

1 굴 중에서 예쁜 굴만 골라내어 채반에 가지런히 해바라기처럼 늘어놓는다. 티포트 안의 철망을 이용해 밀가루를 달달달 털어 안개 속을 지나는 것처럼 얇게 밀가루옷을 입힌다.
2, 3 넓은 접시에 달걀 한 개만 풀어 앞뒤로 살짝 달걀물을 묻힌다. 반드시 볼이 아닌 접시를 사용해야 달걀물을 얇게 입힐 수 있다.
4 뒤집개 2개를 이용해 프라이팬에서 굴리듯 살짝 부쳐낸다. 채반에서 한 김 뺀 후 그릇에 올려야 접시에 물이 생기지 않는다.

1

미나리전 부치기

1 실한 밑동 쪽 줄기를 꼬치에 쭉 낀 다음,
12cm 길이로 자른다. 맞은편에도 꼬치를
꽂아 고정시킨다.
2 너른 접시에 달걀흰자 한 개를 풀어 밀
가루 없이 앞뒤로 달걀물을 입힌다.
3 프라이팬에 무 한 조각으로 얇게 기름
을 바르고 전을 부친다. 초록 미나리에 하
얀 달걀옷이 언뜻언뜻 보이게 부쳐야 정
답. 접시에 낼 때 미나리전 가운데를 가위
로 오려 한 입 크기로 낸다. 맑은 청주 한
잔에 미나리전 하나를 먹으며 만족해하던
아버지의 얼굴이 영화의 한 장면처럼 생각
난다.

이쑤시개 꽂아 만드는
한 입 미나리전

"미나리 두고 미끈거리는 파로 왜 오징어를 묶어. 여자라면 미나
리 한 가지 재료 가지고도 열두 반찬 만들어야 야물지." 궁시렁궁
시렁. 우리 엄마는 미나리 요리를 할 때면 꼭 옆집 아낙네 흉을 보
면서 했다. 그 시절엔 겨울이면 미나리 뿌리를 물에 담가 윗목에
두고 먹었다. 싹이 올라오면 잎은 무쳐서 나물로 먹고, 실한 윗대
는 살짝 데쳐서 데친 오징어에 허리띠처럼 돌돌 말아 도포 입고
놀러 온 수염 난 손님들 술상 안주로 냈다. 엄마의 미나리 레퍼토
리 중 하나가 미나리전이다. 꼬치에 꿰어 달걀흰자 입혀서 부치는
한 입 거리 미나리전. 수염 난 손님들 먹기 좋으라고, 그 시절 섬세
하게도 딱 한 입 크기로 만드셨다. 저승꽃 핀 연잎에 고두밥과 누
룩을 섞어 넣고 지푸라기 묶어 항아리에 차곡차곡 쌓아서 땅에
묻어놓으면 찬 바람 불 즈음 술이 돼 있다. 웃물만 뜨면 청주이고
훌훌 섞으면 탁주. 우리 엄마는 학인(鶴人(아버지와 도포 입은 친구
분들을 그렇게 부르신다)들이 하얗게 나비처럼 모여서 두런두런
이야기를 하고 있으면 웃물 뜬 청주에 미나리전을 안주로 냈던 걸
지금도 영화의 한 장면처럼 자랑스레 말씀하신다. 지금도 나는, 광
에 들어가 아버지의 술을 한 국자씩 훔쳐 먹었던 기억이 있다. 발
그레한 내 얼굴을 보고 "쟤 크면 술 잘 하겠다." 하셨던 어른들의
얘기도 귓전에 응응 남아 있다. 이 계절 미나리를 보면 장동건처
럼 잘생기셨던 그 시절의 아버지가 생각나 청주 반주상에 미나리
전을 부친다. 맑은 청주 한 잔에 미나리전 하나를 드시며 만족해
하던 아버지의 얼굴이 지금도 또렷하다. 도포 차림에 수염 난 이
없지만, 그 시절 엄마처럼 먹기 좋으라고 한 입 크기로 섬세하게
만든다.

2   3

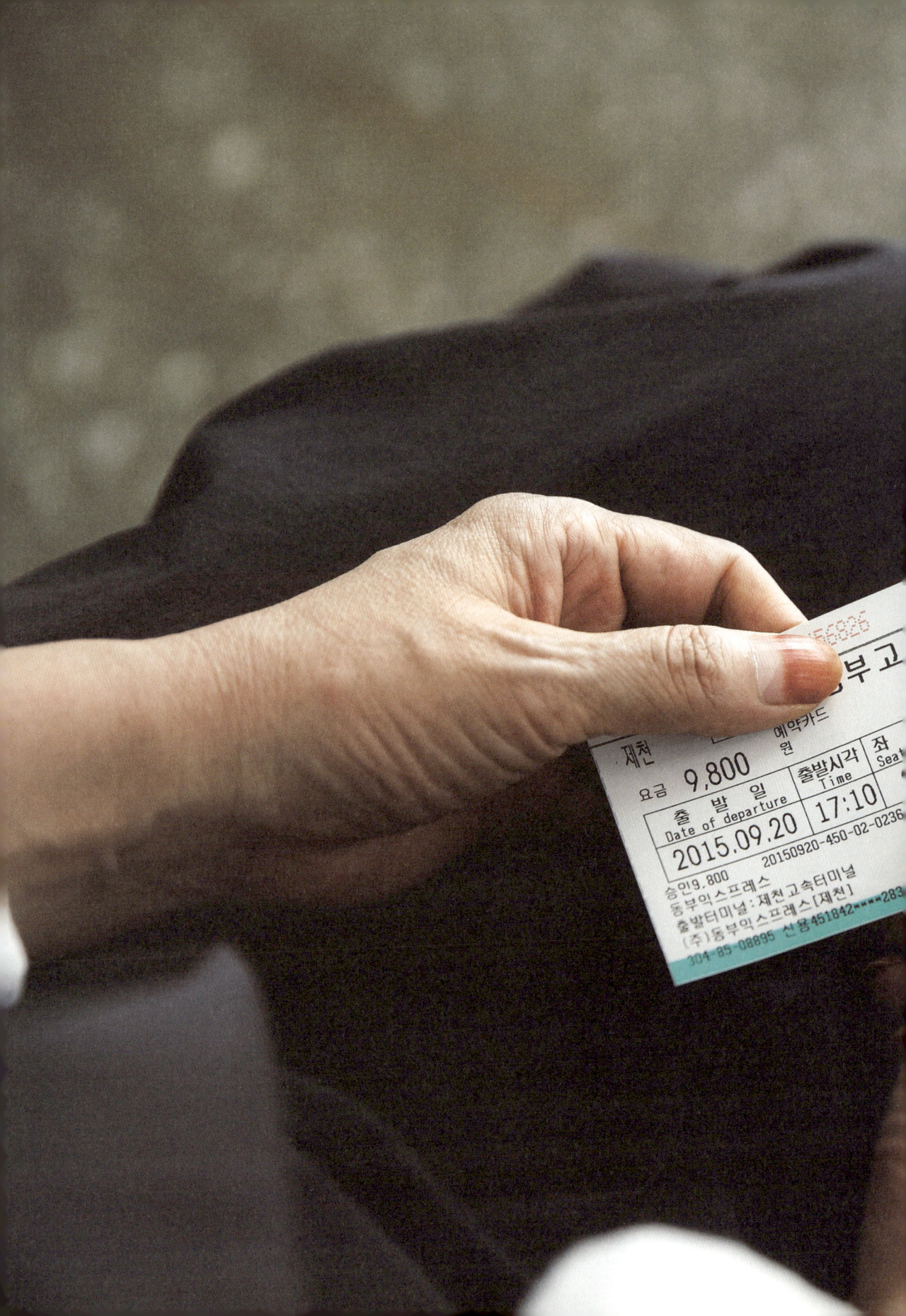

제천 고속버스터미널에서 차표를 끊고 버스를 기다리고 있다.
어느 유명한 장군이 야전 침대에서만 잠이 든다더니 내가 꼭
그 짝이다. 집에서는 불면인데, 차만 타면 숙면이다. 이삿짐
정리하느라 밤을 꼴딱 새도 하나 걱정 없었던 건 바로 서울
올라가는 길에 푹 숙면을 취할 수 있었던 덕분이다. 서울
고속버스터미널에 도착하면 거짓말처럼 또 눈이 딱 떠질 테지.
그리고 성북동 효재에 내려 타박타박 돌계단을 올라가면서 다시
서울살이가 시작될 것이다.

에필로그

운전 못하는 나는 거리 개념이 없다. 어느 날 점심 함께 먹자는 말에 제천에서 서울 가는 거리만큼 걸리는 청주 길을 나섰다. 일단 일을 저지르고 차편을 알아보았더니 백운면 술도가 앞 버스 정류소에서 버스를 타면 청주까지 갈 수 있단다. 정류소 앞에 가보니 슈퍼마켓 카운터가 버스 매표소다. "청주 가는 표 하나 주세요." 하고 말하니 슈퍼 주인은 고추 따는 데 열중한 채 하나 반갑지 않은 얼굴로 응대한다. 제천에서 살면 종종 이런 뜻밖의 상황에 맞닥뜨리게 된다. 무심한 얼굴로 손님을 맞고 뭐든 태연하고 느리다. 불친절하다 그러면 불친절할 수도. 그 뜻밖의 모습이 하루 종일 파스처럼 쩍쩍 붙어 있다가 불쑥 떠올라 혼자 웃는다. 웃다 잠이 든다. 뭘 물어보든 첫 마디에 대답하는 법이 없다. 느리고 여유롭다. 서울과 다르다. 나는 그 다름을 즐긴다. 밤하늘의 별을 잊고 살았는데, 여기서는 현관문만 나서면 별이 쏟아진다. 같은 옷을 이틀씩 입어도 깨끗하다. 청량한 공기 덕분이다. 집 나가 전북 완주에서 사는 남편은 서울 오면 작은 모자를 억지로 쓰고 있는 것 같다는 말을 한다. 서울과 제천을 오가며 그 말을 이해하게 되었다. 서울에서는 시간이 아까워 차 안에서 휴대 전화 문자 정리라도 해야 하고, 확성기를 통해 듣는 듯한 소음 때문에 귀에서 늘 윙윙 소리가 난다. 제천은 그 모든 것이 고요하다. 서울에서는 24시간을 48시간처럼 산다면, 이곳 제천은 하루 24시간이 18시간처럼 흘러간다.

골 파인 주름에 꽃무늬 몸뻬, 뽀글이 파마 할머니들은 언제나 반갑고, 이웃들은 늘 무심한 듯 다정하다. 경계 없이 현관을 넘나들고, 길을 가다가도 마당 안 풍경을 참견한다. 며칠 서울 갔다 와도 반나절 수다에 마을 일을 소상하게 알게 된다. 음식을 나누고, 일상을 나누고, 정을 나누는 삶. 어릴 적 보고 자란 그 모습 그대로 그 풍경 속에 나만 뻥튀기되어 있다. 긴 여행을 끝내고 돌아온 걸리버처럼. 서울의 조경은 말 그대로 일부러 심은 꽃과 나무지만, 이곳은 스스로 씨가 떨어져 그 지형에 맞게 자란 꽃과 나무다. 때론 비틀어지고, 때론 누워 자란다. 그 자연스러움을 볼 수 있다는 게 제일 감사하다. 봄이면 꽃이 만개하고, 여름이면 녹음이 청량하다. 가을이면 온 세상이 울긋불긋하고, 겨울 설산은 눈 두는 곳 어디나 아름답다. 이 찬란한 봄·여름·가을·겨울을 앞으로 30번은 볼 수 있으려나.

효재의 살림풍류

서울과 시골을 오가는 유쾌한 이중생활

초판 1쇄 발행   2015년 12월 15일
초판 3쇄 발행   2016년 9월 12일

지은이   이효재

발행인   노승권

projected by   스타일북스 STYLE BOOKS

사업운영   김현오
마케팅   임현석, 정완교, 김도현, 소재범
사업지원   차동현, 김보연
주소   서울시 중구 무교로 32 효령빌딩 13층
전화   02-728-0223(편집) / 02-728-0252(마케팅)
홈페이지   www.kpibook.co.kr
발행처   (사)한국물가정보
발행등록   1980년 3월 29일

스타일북스, 고릴라북스, 비즈니스맵, 라이프맵, 사흘, 생각연구소, 지식갤러리, 책읽는수요일은
KPI출판그룹의 임프린트입니다.

projected by

스타일북스는 생활 실용 도서 출판 전문 브랜드입니다.

편집장 선유정
기획·편집 이호선
사진 문덕관
디자인 아트퍼블리케이션디자인 고흐
교정 신정진

tel / 02-3789-0268
mail / stylebooks11@gmail.com